三木清
Miki Kiyoshi

U0810101

东方丛书

人生论笔记

人生論ノート

[日]三木清 著
娄卫东 译

人民东方出版传媒
People's Oriental Publishing & Media
東方出版社
The Oriental Press

图书在版编目（CIP）数据

人生论笔记 / (日) 三木清 著 ; 娄卫东 译. —北京:东方出版社, 2022.3
ISBN 978-7-5207-1769-4

Ⅰ. ①人… Ⅱ. ①三… ②娄… Ⅲ. ①人生哲学 - 通俗读物 Ⅳ. ①B821-49

中国版本图书馆CIP数据核字(2022)第033705号

人生论笔记
（RENSHENG LUN BIJI）

作　　者：［日］三木清
译　　者：娄卫东
策　　划：吴常春
责任编辑：王丽娜　郭方欣然
责任审校：曾庆全
出　　版：东方出版社
发　　行：人民东方出版传媒有限公司
地　　址：北京市西城区北三环中路6号
邮政编码：100120
印　　刷：北京联兴盛业印刷股份有限公司
版　　次：2022年3月第1版
印　　次：2022年3月第1次印刷
开　　本：710毫米×960毫米 1/32
印　　张：7.25
字　　数：91千字
书　　号：ISBN 978-7-5207-1769-4
定　　价：52.00元
发行电话：（010）85924663　85924644　85924641

版权所有，违者必究
如有印装质量问题，请拨打电话：（010）85924602　85924603

目　录

第一部

人生论笔记

关于死亡

近来死亡于我渐不觉可怕，这或许是年龄之故吧。尽管我对死亡做过那么多的思考，撰写过那么多的文章。

人一老，收到的信件中带着黑框的人就会慢慢多起来，而我也不例外。这几年我不止一次地遭遇到近亲的死亡，也目睹病人无论怎样痛苦挣扎，但当死亡到来的瞬间他便一下子变得平和安静。即使去扫墓，我的心情也不再如过去那般阴郁。有人把墓地称为平和之园（这一词与语源学毫无关系），我觉得这实在是再贴切不过的了。

我素不患病，但是当偶有卧病在床时，心中却感受到了莫名的沉静。人只有在生病时才能感受到内心的平静，这是现代人的一个显著特征，也成为现代人最具特征的病症之一。

事实上，在今天，是不是很多人只有在疾病康复时才能感受到健康呢？这和年轻人的健康感不同，康复期的健康感是自觉的、不稳定的。如果健康是如精神饱满的年轻人对自己的健康并无自觉时一样的状态，那么这种康复期的健康就不能叫作健康。文艺复兴时期，已经没有这种健康了。彼特拉克[1]等体验到的是疾病康复期的健康。由此产生的抒情风格是文艺复兴者的特征。所以试图复刻古典的文艺复兴与其说是古典的，不如说是浪漫的。在那个时代，新古典主义只有借助新兴的科学精神才有可能产生。文艺复兴的古典主义代表不是拉斐尔，而是列奥纳多·达·芬奇。健康只有在康复期才能感受得到，这一点具有现代的根本性的抒情与浪漫特征。如果现代是一次新的文艺复兴，那么从中产生的新古典主义精神将会是什么呢？

随着所爱之人、亲近之人去世的增多，我们对死

① 弗兰齐斯科·彼特拉克（1304—1374年），意大利学者、诗人，文艺复兴第一个人文主义者，被誉为“文艺复兴之父”。

亡的恐怖反而变得淡薄。比起新生者，我们感觉自己更接近离去者，这可能也是年龄之故吧！与四十多岁的人相比，三十多岁的人会觉得自己更接近二十多岁的人。但与三十多岁的人相比，四十多岁的人会觉得自己更接近五十多岁的人。四十而曰“初老”，这显示出东方人的智慧。它不单指身体的衰老，更意味着精神的成熟。对于到达这个年龄段的人而言，他甚至可能感觉：死亡是种慰藉。人们谈论死亡时总是表现成病态的、夸张的样子，甚至令我一直倾心的帕斯卡尔也是如此。事实上死亡是一种平和的状态，这种感觉是成熟的精神健康的象征。我认为，无论处于何种境地都能笑迎死亡的中国人，当是世界上最为健康的国民。正如同歌德所定义的那样，如果浪漫主义的一切都是病态的，古典主义的一切都是健康的，那么我们也可以说死亡的恐怖是浪漫的，死亡的平和是古典的。只有感受到死亡的平和，人们才能感受到生存的真实。中国人比任何国家的人都更加现实主义，这一点颇有意义。未知生，焉知死，孔子的言语间渗透出中国人浓厚的性格特征。帕斯卡尔批评蒙田对于死亡漠不关心，而我在读蒙田的时候，却觉得他身上有某种接近东方人智慧的东西。他在书中写道：最高境界的死亡是不期而至的死亡。中国人和法国人的类似之处还是值得加以关注的。

这并不意味着我对死亡进行思考没有意义。死是一种观念，而观念由死而生，而所谓的思想产生于与现实或与生相对立的立场。看似生死尖锐对立的欧洲文化——它们深受基督教的影响——创造出所谓的思想。与此相对，东方文化就可以认定为没有思想吗？当然不是，只不过所谓思想的意义不同。当面对西方思想，当我们主张东方思想的时候，有必要从认识论的角度思考什么是思想。

对我而言，死亡的恐怖之所以逐渐淡薄，是因为与至亲好友的死别逐渐增多。如能与他们再次相见，这是我最大的希望。但我除非死亡，否则那是不可能实现的。我知道，即便我在这个世界上再活一百万年，也不可能与他们重逢。那种可能性为零。当然我也不能确定：在死亡的世界里自己能否见到他们，谁也不能断定。那种可能性为零，因为没有人从死亡的世界回来过。将这两种可能性进行比较，你会发现后者的可能性比前者大。如果让我从二者中选择一个的话，我只会选择后者。

假设谁都不会死，那样一来，我就偏偏死给你看的那种人一定会出现。人的虚荣心之强，强到不惜与死亡相伴。而且，不少人很快就会理解这种人的虚荣并对他加以奚落嘲笑。然而人们并不容易察觉：世间不输于此的虚荣蠢事何其多哉。

一心虚无，生无执念，这种人其实是很难了断尘缘的。反而是心有执念的人才会毅然赴死。因为他们心中有着死后的归宿，执念越深，对于死亡的准备也就越充分。正如有真爱我者，即是与我约定了永生。

死和传统有关，不相信死而复生或者永生，能够相信传统吗？或者有人会说，复活或者永生是作品，不是作者。但是，被造者比创造者还伟大有可能吗？被公认的自然法则是，原因至少等同于结果，或者大于结果。如果被造者复活或者永生，创造者却不具有复活或者永生的能力，这种事情可以想象吗？如果我们不是希望柏拉图永生，而是希望他的作品永生的话，那一定是我们的虚荣心在作祟。现实中，我们对于所爱的人，会盼望他的所作所为更甚于他的生命永生吗？

自然的法则是原因至少等同于结果，而历史的法则却往往是结果大于原因。如果那样的话，一定意味着历史更加优越的原因不是我们自己，而是超越了我们的存在。这个超越我们的存在，希望历史上的被造者复活或者永生，却绝对不希望创造者复活或者永生，这可能吗？如果我们自己让过去的东西复活或者永生，对于拥有这样能力的我们来说，让创造者复活或者永生或许可能更难吧。

我不是要证明或者否定人类的永生。我想说的是，思考死者的生命在理论上并不比思考生者的生命更加困难。死是观念，所以欲借助观念的力量生存的人，总是先从掌握死的思想开始。所有的宗教都是如此。

传统问题是死者的生命的问题，不是生者的成长的问题。通俗的传统主义的谬误——这些谬误即使是谢林、黑格尔之类的德国伟大的哲学家身上也都存在——认为：所有一切都是从过去成长而来的，并从这样的角度来思考传统主义。在这种基础上，从自然哲学的观点来看，这是无法理解传统主义主张的绝对真理的意义的。在自己的成长中寻求传统的意义，只能发现相对性的东西。绝对的传统主义，不是以生者成长的理论为基础，而是以死者的生命的理论为基础。过去已经死亡，从已经死的意义上来说，对于生者是绝对的存在。半生半死似的模糊过去，对于生者的现在不可能是绝对的，过去首先是死的才成为绝对的。这个绝对的东西，是绝对的死呢，还是绝对的生命呢？死者不会像生者那样成长或者衰老。所以如果相信死者的生命，那必然是绝对的生命。这个绝对的生命只能是真理。换句话说，过去要么是真理，要么是什么都没有，传统主义要求我们二者选其一。这不是自然流入我们生命中、成为我们生命一部分的那种过去。

这样的传统主义必须和所谓的历史主义严格区别开。历史主义和进化主义同样是近代主义之一，其自身可以转化为进化主义。这样的传统主义在基督教，特别是其原罪论的背景下进行考虑容易理解。但是如果原罪观念不存在或者消失的话，我们该怎么处理呢？如彼特拉克那样的文艺复兴时期的人道主义者，与其说将原罪作为原罪，不如说将原罪作为疾病进行了体验。不用说尼采，即使是在安德烈·纪德（André Gide，1869—1951 年，法国作家）那样当今的人道主义者身上能够看到的，也是同样的疾病的体验。疾病的体验替代原罪的体验，是近代主义的起源与终结。人道主义的出发点不是罪的观念而是疾病的观念吧。罪与疾病的差异在什么地方呢？罪就是死，疾病还是生吗？死是观念，疾病是体验吗？总之疾病的观念不可能从传统主义引导出来。那么在没有罪的观念的东方思想里，所谓的传统主义或者人道主义，到底是怎样的东西呢？问题和对死的看法相关。

关于幸福

关于幸福，当今的人们似乎并不把它放在思考的范围中。你去翻翻近年来出版的伦理学书籍，特别是日本国内编撰的伦理书籍吧！你会轻易地发现，讨论幸福的书一本也没有。我不知道是否可以将那些书定义为伦理书，或那些作者是否应该承认其为伦理学家。确切无疑的是，在过去的任何时代，幸福总是伦理学讨论的中心课题。希腊的古典伦理学如此，斯多葛那样的禁欲主义者也主张为了幸福而节制欲望，基督教的奥古斯丁、帕斯卡尔等，也以人类不断追求幸福的事实为基础，建立了他们的宗教学、伦理学等。不思考幸福，这是当代人的特征。对于现代的伦理学之混乱，学界已经有过很多论述，但是让幸福论从伦理学书籍中消失，这却是这种混乱的真实体现。在新的幸福论出现前，伦理学的混乱是无法挽救的。

有人说，思考幸福也许是不幸之最大的预兆。就像健康的胃感觉不到它的存在一样，幸福的人也不会无端地去思考幸福。但是当今的人们果真是因为身在幸福之中才不去思考幸福的吗？不如说：我们的时代的不幸，已经到了让人们失去思考幸福的力气的程度吧。世界上充满了不幸，这让人觉得侈谈幸福似乎是一件不道德的事。但是没有体会过幸福的人，他会理解不幸是什么吗？毋庸讳言，当今的人们无论何时何地都在本能地追求幸福，并且当今的人们都在为过剩的自我意识而苦苦挣扎。这种极端自我的人是基本不会去思考幸福的。这是现代人不幸的特征。

近代的律己主义将良心的义务和对幸福的要求对立起来思考。我的看法则与其恰恰相反，今天的良心就是对幸福的要求。社会、阶级、人类等，所有的这些都试图抹杀人类的幸福要求时，没有什么比幸福的要求更有良心了吧。只要不和幸福的要求相结合，作为当今伦理学的概念而不断流传的社会、阶级、人类，就不可能具有任何伦理学的意义。或者他们在把伦理问题和幸福问题分离的同时，任何东西都可以偷换成伦理的概念而大加运用了。幸福的要求必须作为今天的良心复权，人是不是人道主义者，主要取决于这一点。

幸福问题从伦理问题抹掉后，这时便产生了很多伦理性空词。例如，把伦理性和主体性放在一起论述是正确的，不过从幸福要求中抽象出来的主体性就变成了一个伦理性空词。它试图从现代伦理学抹掉的是动机论，在主体性这个词流行的同时，伦理学反而陷入了客观论。对幸福的要求是所有行为的动机，这是以前的伦理学的共同出发点。现代的哲学给这种想法贴上心理主义的标签并对其加以排斥，但是在另一方面，现代人的心理开始变得没有秩序。这种无序，起始于人们对自己行为的动机是否属于幸福的要求无法判断之时。同时，心里的实在性开始变得可疑，对于人的解释就产生了各种各样的观念主义。心理的实在性在心理中存在秩序的场合可以被证明，对幸福的要求是这个秩序的基石，心理的实在性产生于要求幸福的事实之中。抹杀掉幸福论的伦理，外表看起来再有伦理性，其内在实质也一定是虚无主义。

以前的心理学是关于心理批评的学问。心理学的工作，就是通过评价人类精神的各种活动、各个侧面，并将其加以秩序化。这个工作对于哲学家和文学家都一样。基于自然科学方法的心理学，出现破坏这种价值批判的心理学危险时，人间学作为一种对抗出现了。然而这种人类学今天也脱离了起初的动机，抛弃了批评人类心理的原始意义，变为什么都可以称为人间学了。哲学中的艺术性丧失殆尽，心理批评的工作悉数交给了文学家。现代哲学的抽象性中一般不包含心理学。这种场合一定不要忽略掉的一个现代哲学的特征就是：要和抹杀掉幸福论相关。

将幸福视为单纯的感性东西，这是错误的。思想的历史显示，理智主义和伦理上的幸福论总是结合在一起的。幸福的问题是理智主义最大的支柱。如果抹杀掉幸福论，那抹杀理智主义也就轻而易举。事实上，当今的反理智主义的思想基本上都是从抹杀幸福论而来的，这就是反理智主义的秘密。

幸福不是反道德的，不如说幸福就是道德。考虑他人的幸福，这当然是正确的。但是，对于所爱的人，还有比自己幸福更好的事吗？

他们幸福不是因爱而死，而是因为他们幸福，故而才有为爱而死的力量。从日常的琐事，到甘愿自我牺牲，在这所有的事情中，幸福就是力量。道德的力量正是幸福最好的诠释。

在前文中，我写过“死是一种观念”。那么，与此相对的生是什么呢？我认为，生是一种想象。一个人无论多么主张生的现实性，当他回过头来和死相比较的时候，都会理解生是多么具有想象性的。想象性的事物不是非现实的，反而是现实的东西更加具有想象性。现实和我的构想力（想象力）理论是吻合的。谁没有人生如梦的感觉呢？那不是简单的比喻，而是真实的感受。这种真实感受必须明确加以证明，换言之，是梦想或者空想的东西必须证明其现实性。能够给予证明的就是构想力的创造形成作用。生是想象性的东西，在这个意义上可以说幸福也是想象性的东西。

如果想从一般性的角度去理解人类，他有必要从死的角度去思考。死本来就是非常具体的。但是，这个十分具体的死，也是一般性的东西。“人是自己一个人死的”，帕斯卡尔这样说，人们都是各自分别面对死。尽管如此，死仍然是一般性的东西。人类的祖先——亚当的思想，在此得到了印证。死拥有的不可思议的一般性，才是令我们困惑的东西。死在一般性上，对人类进行了分离。不是因为一个人去死而感到孤独，而是因为死是一般性东西，人们遇到死时才会孤独。我活着，你一个人去死，如果你的死不是一般性的东西，我不会对你的死感到孤独。

然而生总是特殊的东西。和一般性的死的分离相反，特殊的生是结合的。死作为一般性的东西被认为是观念，生作为特殊的东西被认为是想象。我们的想象力只有在特殊性的东西上才感到快乐（艺术家在本性上属于多神论者）。本来人类就不单是特殊性的，同时也是一般性的。但是生具有的一般性和死具有的一般性不同。如果把死的一般性归类于具有观念的一般性，那么生的一般性是和想象力有关种类的一般性相同。个性不是还有别的种类，种类就是个性，死本身没有种类。思考死的种类，是因为仍然从生的角度去思考死。个性是多样性的统一，只有构想力能把相互矛盾的多种东西统一起来，创造成一个形式。无论从感性还是理性都无法思考的个性，必须从构想力的角度去思考。和生一样，幸福是想象，即意味着个性是幸福。

自然在进化的过程中，分化为越来越多的个性。说明了从黑暗中追求光明、创造自然的根本性欲求是什么。

人格是大地之子的最高幸福，歌德这样完美地定义了幸福。变得幸福就是变得有人格。

幸福是肉体的快乐还是精神的快乐，是在活动里还是在存在里？这样的提问只会把我们引入纠结之中。对于这样的提问，我们只能回答二者都有。因为人格既是肉体的也是精神的，既是活动的又是存在的。并且这意味着人格是被创造形成的东西。

今天人们不思考关于幸福，这是和被称为人格分裂时代的现代特征相对应的。这个事实也在世界历史的范围内证明了幸福是人格的命题。

幸福是人格，就像脱去外套一样，无论什么时候都能轻松地脱去别的幸福的人是最幸福的。但是，真正的幸福是不会被丢弃的，也无法被丢弃。他的幸福和他的生命一样和他自己是一体的。有了这个幸福，他会和所有的困难作斗争。以幸福为武器战斗的人，即使倒下了仍然是幸福的。

好心情、郑重、亲切、宽容等，幸福总是被呈现出来。就像不唱歌的诗人不是真诗人一样，单纯内在的幸福是真的幸福吗？幸福是外在表现的东西。就像鸟儿歌唱一样，表露于外，使他人幸福的人才是真幸福。

关于怀疑

要正确判断怀疑的意义似乎并不容易。有时怀疑会被神秘化，以致由此而产生一种宗教，尽管揭开所有神秘的面纱正是怀疑的工作。相反，有时候任何怀疑却会因为它是怀疑而遭到贬低，被视为不道德，尽管怀疑本来也是理性的一个德性。前者，怀疑是一种独断；后者，因试图将怀疑强行灌输到脑袋，这仍然是一种独断。

无论怎样，我们可以确定的是：怀疑是人类特有的东西。上帝不会怀疑，动物也不会怀疑。怀疑是天使和动物都不具有的，人类固有的东西。如果可以说人类比动物在理性上优越，那也可以说人类的特征就是怀疑。事实上，一点也不怀疑的理性的人真的存在吗？而独断家有时候表现得像天使，有时候却像野兽。

人类的理性自由目前还处于被怀疑之中。我没有见到过不具有怀疑性的所谓自由人。那些所谓 honnete homme（正派人）大都具有怀疑性，而且意味着他们是自由人。然而，无论哲学家如何规定自由的概念，现实的人类自由都存在于节制之中。古典人道主义中最重要的德性是节制，这在现代的思想中已经变得很少见。怀疑是理性的德性，所以必须有节制。对于一般的思想家来说，节制是个问题。米歇尔·德·蒙田的最大智慧就是怀疑节制的存在，实际上没有节制的怀疑不是真的怀疑。过度的怀疑不再是纯粹意义上的怀疑，它要么变为哲学里面的怀疑论，要么陷入神秘化、宗教化。可以说它已经不再是怀疑，而是一种独断。

怀疑作为理性的德性，它可以净化人类的精神。恰如哭泣能够在生理上净化我们的感情一样。但是怀疑本身与其说类似哭泣，不如说类似笑。如果说笑是一种动物不具有的人类表情，那么怀疑和笑之间存在联系就很自然了。笑也可以净化我们的感情，怀疑家的表情并不都是不愉快的表情。没有理性里特有的快乐的怀疑，它不是真正的怀疑。

真正的怀疑家不是诡辩家，而是像苏格拉底那样的人。苏格拉底表示：怀疑只能无限地探求。他还表示：真正的悲剧家是真正的喜剧家。

以往的哲学中，拥有不间断生命力、没有任何怀疑的哲学家曾经出现过吗？唯一的伟大的例外是黑格尔。正如历史所展示的那样，黑格尔的哲学在一定时期曾经受到众多疯狂信徒的追捧，但是不久之后它却不再被欢迎，这是黑格尔哲学所具有的特质。这个事实里恐怕蕴含着黑格尔哲学的秘密。

逻辑学者认为逻辑的基础就是直觉的存在。据说对于那些无法不断地去证明自己、所有的论证都已经无法论证其本身的东西，人们会把从直觉处获得的可靠信息作为前提，据此展开推论。但是，谁能证明作为逻辑的基础存在的直觉性的东西总是可靠的呢？如果直觉总是可靠的话，为何人们不停留在直觉那里，仍然需要逻辑呢？也许不只存在对可靠东西的直觉，对不可靠东西的直觉也同样存在。总是怀疑直觉是愚蠢的，但也不至于总相信直觉。并且，和普通人的说法相反，感性的直觉是在自身的种类中被视为可靠东西的直觉，与之相对应，理性直觉的特征好像存在于对不可靠东西的直觉中。可靠东西的直觉——无论是感性的东西，还是超感性的东西——其自身不需要逻辑证明；与此相反，不可靠东西的直觉——怀疑的直觉或者直觉的怀疑——才是需要逻辑或是推动了逻辑的东西。不是通过逻辑推论得出怀疑，而是怀疑需要逻辑证明。这种寻求逻辑的地方存在着理性的矜持和自我尊重。所谓逻辑家是公式主义者，是独断家的一种类型而已。

不可靠东西是可靠东西的基础。哲学家只有对自己存在怀疑，才会思考哲学、著书立说。不过确切地说，与其说人们不是为了不可靠的东西工作，不如说人们是从不可靠的东西出发开始工作。人生不是存在而是创造，也就是不是单纯地存在着，而是在创作形成之中，不得已而为之。并且由于人们从不可靠的东西出发，所有的创作的基础都源于下赌注。

对于独断的怀疑是有力还是无力，就是理性对于感情是有力还是无力。独断只有是在赌注的场合，才可能是理性的。感情总是单纯地肯定，独断的大多数都基于感情。

大多数怀疑家不是像外表上表现的那样程度的怀疑家。另外，大多数独断家的外表上也是如此。

人有时因对于他人的虚荣而变得疑心暗鬼，而更多的时候则是因对于他人的虚荣而变得独断专行。另一方面，这显示人类普遍拥有政治欲望亦即控制他人的欲望，同时也表明人类普遍拥有教育的欲望。对于政治来说，独断专行可能是必要的吧，但是对于教育是否需要独断，我心存疑问。不过，不含政治欲望的教育确实罕见。

无论什么样的人，让别人相信他很容易，让自己相信自己则很难。引导他人信仰的宗教家不一定是绝对不怀疑的人。他借助于自己心中仍然存在的怀疑让别人对他半信半疑 。至少可以说，不是这样的宗教家称不上是思想家。

自己在半信半疑状态下发表的意见，可能会被别人认为没有任何可怀疑之处而完全相信他，自己可能也不由得相信自己。信仰的根源是别人，宗教也是这样，宗教家认为自己信仰的根源是上帝。

怀疑是只在散文中才能表达的东西。这一方面表明了怀疑的性质，反过来也表明了散文所固有的乐趣及其困难之所在。

真正的怀疑家追求逻辑。然而独断家要么完全不论证，要么只在形式上论证。独断家是极其严重的反复多次的失败主义者、理性的失败主义者。他不像外表那样坚强，而是软弱到在别人和自己面前装出勇敢。

人会从失败主义者变为独断家，或者从绝望变为独断家。绝望和怀疑不同。只有在加上理性的时候，绝望才可能变成怀疑，但是这并没有想象的那么容易。

纯粹停留在怀疑阶段是困难的，人们一旦开始怀疑，就会成为感情的俘虏。所以真正的怀疑与其说是青葱岁月的东西，不如说显示了精神上成熟的东西。青葱岁月的怀疑不间断地伴有感伤，并最终变为感伤。

怀疑必须有节制，有节制的怀疑才真正配得上怀疑的名字，怀疑意味着方法。笛卡尔已经证明：怀疑是方法的真理性。笛卡尔的怀疑给人的印象是：它并不是极端的，总是小心地保持着节制。从这一点来讲，他是人道主义者。他把方法论第三部分的道德论称为暂时性或者临时替代性的东西，是极其有特色的说法。

方法的熟练在教育中是最重要的东西，但是我不认为怀疑中决定性的教育特征比节制更加重要。然而在当今社会中，失去怀疑能力的教育者或者一旦变得怀疑就失去任何思考方法的教育者有很多。这都属于艺术爱好衰退中的教育的堕落。

只有理解怀疑是方法的人，才可能理解独断也是方法。如果有不理解前者，只主张后者的人，那么他仍然没有理解，方法到底是何物。

怀疑不会停留在一个地方。打破精神的惯性的是怀疑。精神的惯性意味着自然地流入精神当中。作为打破精神的机械行为的怀疑，已经展示了理性的胜利。不可靠的东西是根源，可靠的东西是目的。所有的可靠的东西都是已经形成的东西、是结果，作为开端的原理是不可靠的东西。怀疑是和根源相关的，独断是和目的相关的。理论家是怀疑的，实践家是独断的，这就是动机论者总是怀疑家，而结果论者总是独断家的原因。但是必须理解独断和怀疑都应该是方法。

就如同肯定之于否定、物质之于精神而存在那样，独断和怀疑的关系也是如此。

无论怎样怀疑，人生都是可靠的东西。因为人生由于创造形成作用，不是单单地存在，而是被创造出来的。

关于习惯

人生在某种意义上就是习惯的全部。也就是说，所有的生命都有形式，可以说生命就是形式。然而习惯是通过生命在行为上表现出来的。当然习惯不单纯是空间的形式，单纯的空间上的形式是死的。相反，习惯是活的形式，不单纯是空间的东西，同时也具有时间性。它既具有时间性也具有空间性，是一种辩证法似的东西。时间上在流动中的东西，而同时在空间停止的地方诞生了生命的形式。习惯不是机械性的东西，完全是有生命的东西。习惯在创造形式的生命中属于内在的本质性作用。

人们一般会认为：习惯是同一个行为反复多次而形成的。不过严格来说，人类的行为没有完全相同的。每个行为总是很偶然的。我们的行为是偶然的、自由的，所以也就形成了习惯。习惯不是相同行为的重复的物理性结果。可靠的东西从不可靠的东西处得来。正因为每个行为的偶然性，习惯也就形成了，可以说习惯是多个偶然性行为的统计的规则性。只要自然具有统计性的性质，就可以说习惯是自然。就像人们认为习惯是自然一样，自然也是习惯。但是在说习惯的时候，自然必须被视为具体的形式。

模仿和习惯在某一个意义上是相反的，在另一个意义上是统一的。特别是对外部的、新的东西的模仿，据说是源于流行。相对于流行来说，习惯是传统的东西，打破习惯的是流行。没有比流行更容易打破习惯的了。但是习惯本身也是模仿，是对自己内部的、旧的东西的模仿。习惯是自己模仿自己。在这样的过程中，人们就产生了习惯。如果说流行是横向的模仿的话，习惯就是纵向的模仿。不管怎样，习惯只要是模仿的话，相对于其他行为，我们习惯上的一个行为必须像外部的东西一样独立。认为习惯是连续性的东西是错误的，非连续性的东西同时也是连续性的，连续性的东西同时也是非连续性的，这样才产生了习惯，即习惯表现的是生命的法则。

与习惯一样，流行也是生命的一个形式。生命是一种形成作用，对于这种形成作用而言，模仿是一种根本的方法。生命的形成作用，其本身就意味着教育。教育的模仿意义，自古以来就被反复论述。在这里，我们既可以看到习惯就是一种模仿，也可以看到流行作为一种模仿具有何其巨大的教育价值。

如同流行被环境规定一样，习惯也是由环境规定的。习惯作为对主体环境的适应性操作而产生。不过，和流行对主体环境的适应性大多是被动性的相反，习惯大多是主动性的。习惯的这种力量是形式的力量。但是，流行能够打破习惯的原因，就是习惯的形式是从主体和环境的关系中产生的辩证性东西。流行的力量和习惯正好基于相反的方向。流行具有最大的适应能力，这个是所谓人类的特征。习惯是自然的东西，流行则被认为是理性的东西。

习惯是模仿自己，在适应自己的同时，也适应他所在的环境。流行是对环境的模仿，在适应环境的过程中产生，但是流行也存在对自己的模仿之处。我们之所以顺从流行，是因为这样可以讨好自己，但是流行的形式不稳定。有人说流行没有形式，而习惯有稳定的形式。然而习惯的形式稳定，意味着习惯是技术性的东西，它的形式是技术性地产生的，而流行则欠缺这种技术性的能动性。

据说，能控制一种感情的不是理性而是其他的感情。实际上，习惯才是能够控制感情的东西。能够控制一种感情的不是理性而是另一种感情，在这种说法中的那种感情的力量是什么呢？与其说力量不应该只在感情内部，不如说它在感情成为习惯的地方。我害怕的不是他的仇恨，而是他对我的仇恨成了习惯。如果习惯不能成形，感情也没有力量。一个习惯在别的习惯产生中被打破。换句话说，真正能克服一种形式的是其他形式。流行在变为习惯之前，最多是一种不稳定的力量。感情自身不具有形式，这也是习惯对于感情没有力量的原因。一种感情能够控制另一种感情，也是基于通过理性产生的秩序的力量。因为不具有形式的感情被认为是自然性的东西。对于感情的形式上的控制，是自然对于精神的控制。习惯在形式上也不单纯是自然，已经是精神了。

形式只有作为空间上的形式、进而以物质的形式才能表现出来，这是近代的机械性的悟性。不如说精神才是形式，古希腊的哲学家认为，物质是无限的内容，精神是形状。现代的有关生的哲学反而认为，精神的生命本质恰如无限的流动。在这一点上，生的哲学也受到关于形式的近代机械性思考方法的影响。但是认为精神有形状的古希腊哲学，还将形状在空间上进行了表象处理。东方的传统文化可以说是习惯的文化。如同习惯是自然那样，东方文化的根基里存在的是某一种自然。另外，习惯不单是自然也如文化，东方的自然同时也具有文化的意义。文化主义的西方形式在空间上予以表象，自然主义的东方的文化却在精神的真相里探寻精神的形状。但是在已经成为形状的情况下，它还能纯粹是精神的吗？如同习惯看起来是自然一样，精神的形状同时也必须有自然的意义。习惯不单纯是精神，也不单纯是身体，而是具体的生命内在法则。习惯是在所谓的纯粹精神活动中，被发现的自然的东西。

休谟从习惯的角度说明了思维的范畴，就如现代认识论的批评一样，我不知道是否有那么可笑。不单从逻辑意义而从存在论的意义出发去思考时，是否还有比从习惯角度的更加贴切的说明方法，这我也不知道。不过在这种场合，必须排除那种认为习惯是简单经验产生的机械性看法。把经验论等同于机械论是错误的，用经验的重复来说明习惯的本质常常是不充分的。即使朝同一个方向、用同样速度扔一百万次石头，你也不会得到习惯，习惯属于生命的内在趋势。反对经验论的先验论，将经验和对习惯没有任何影响的感觉视为一体。在起到唤起感觉作用的习惯中，是否存在不受其影响的知识的“内容”呢？习惯在思维中也发生作用。

社会习惯的常规是道德，之所以具有权威性，并不是单单因为它所具有的社会属性，反而是基于它所具有的外在表现形式。无论是什么形式，它总具有超脱性意义。创造形式的生命中，其本质作用是彰显生命的内在超脱性倾向。但是创造形式的同时，生命也是在自我否定。生命因形式而生，也因形式而死。生命通过习惯而生，也因习惯而死，死是习惯的极限。

能自由地养成习惯的人，在其人生中会有很多成就。因为习惯是技术性的东西，所以可以自由地养成。当然大致的习惯都是下意识的技术，故意将其技术性进行自由运用的是道德。修养就是这样的技术。如果习惯都是自然的，就不能说习惯是道德了。所有的道德都有技术性的东西，理解这一点很重要。习惯是离我们最近的东西，是我们力所能及的手段。

习惯是技术性的，所有的技术成为习惯后才是真的技术。无论有多好的天分，如果不借助习惯，他终将一事无成。

之前所谓的修养在工具时代的社会，是道德的形成方法。这个时代的社会是有机的、被限定的。然而工具时代变为机械时代，我们的生活环境也完全不同了，因此道德只有修养也不充分了。和工具的技术相比，机械的技术依靠习惯的地方少，依靠知识的地方多，现代知识对于道德显得特别重要。但是必须注意到，道德并没有脱离有机的身体，并且习惯在理性里面也起作用。

堕落不是感情的过剩，是感情的特殊习惯。人类的行为是技术的，这是堕落的根源。感情成为习惯、成为技术的时候，开始产生堕落。自然感情的爆发不如说是打破习惯的东西，和堕落是相反的东西。适用的习惯都多少有些堕落的味道。习惯让我们死，指的是习惯变为堕落，而不是习惯静止不动。

习惯让我们变得自由，同时也束缚我们。但是习惯让我们感到恐惧的，并不是习惯束缚我们，而是习惯中包含的堕落。

那些道德家总在谈论，这个世界上存在着太多奇怪的习惯。这也说明习惯如何容易陷入堕落。就像存在很多奇怪的艺术那样，也存在很多奇怪的习惯。然而这又说明习惯和艺术一样，属于构想力的范畴。

对于习惯来说，流行有更多的理性。流行没有同样的堕落，这就是流行的生命价值。但是，如果真的流行变为堕落的话，那将是最为恐怖的事情。因为流行是不稳定的，没有支持它的形式存在。流行直接和虚无相连，所以堕落起来没有底部。

关于虚荣

Vaniati creatura subjecta est etiam nolens.“服于所造之物的虚无，非我所愿，乃服于者也。”（《罗马书》第八章第二十节）

虚荣是人类自然属性中最普遍并且最原始的性格。虚荣就是人的存在自身，人类借助虚荣而活，在所有的人性中虚荣是最有人性的。

依靠虚荣而活的人们的生活是没有实体的。换言之，就是人类的生活是虚幻的，这在艺术上的意义也是一样。人生，就是虚构（小说）。所以无论怎样的人都可以写一部小说。普通人和艺术家的区别，就是他只能写一部小说，还是可以写各种小说罢了。

人生是虚构，并不是说没有任何实在性。只是其实在性和物体的实在性不同，不如说和小说的实在性基本相同。即无论在人生中还是在小说中，没有实体的东西如何才能具有实在性，这同样都是根本性问题。

人生作为虚构的东西，原来只是可能性，其现实性必须通过我们的生活第一次被证明。

怎样的作家才会试图撰写关于上帝和动物等的虚构呢？上帝和动物等只有在人类的激情注入的场合，才能够成为虚构的对象。只有人的生活才是虚构的东西。人类是否可以定义为小说性动物呢？

众所周知，自然是模仿艺术的东西。不过模仿艺术的本来意义，在自然中也只有人类能够做到。人类之所以模仿小说、能够模仿小说，是因为人类在本性上必须是小说性的。人类在成为人伊始，已经开始小说化自己和自己的生活。

所有的人类激情都来自虚荣心。人类的所有激情都是人性的，即使有动物性的激情出现，也马上会被虚荣心捕获而变得有人性。

虚荣心按照实体考虑的话是虚无，人们所说的虚荣只不过是它的反映。人类的所有激情产生于虚无，在现象上表现为虚荣。想证明人生的实在性的人，必须先证明虚无的实在性。所有的人类创造，都是为这样证明虚无的实在性。

“为了不把虚荣都积存在自己心里，受它驱使，我们必须为它留条裂缝，每天像排水一样把它释放出来。”约瑟夫·儒贝尔（Joseph Joubet，1754—1824年，法国作家）这样说道。但是这个常识显示了聪明的处世之道。为了不被虚荣所覆灭，人类在每天的生活中，关于所有的小事，都有必要变得虚荣。

在这一点上英雄是例外，英雄最后通过灭亡证明自己。喜剧的主人公不是英雄，只有悲剧的主人公可以成为英雄。

人类依靠虚无才能生存，说明对于他的生活必须有智慧，人生的智慧必须全部达到虚无。

纸币是虚构的东西，但是金币也是虚构的东西。不过纸币和金币之间应该有不同。社会上有一种叫作不可兑换币的东西。在充满所有虚荣的人生中，被称作智慧的东西拥有区别金币和纸币特别是不可兑换纸币的判断力。但是金币本身并不是虚构的东西。

人类是虚荣的这件事，显示了人类更高的本质。

虚荣心是人类将自己展示为更高更好的一种人性激情，当然也可能只是假装的。不过如果一生都假装到底的话，我们基本无法区别这个人是出于本性还是伪装了。道德不也是虚构的吗？这相当于金币对于不可兑换纸币的意义。

人类是虚荣的，这表明人类是社会性的。即社会也是建立在虚构之上，所以在社会上信用就是一切。并不是所有的虚构都是虚荣的，依靠虚构而生活的人类才可能是虚荣的。

如果所谓的文明进步就是人类的生活更多建筑于虚构上的话，随着文明的进步，虚荣就变得司空见惯了，并且英雄的悲剧也会变少。

习惯的力量能把虚构的东西想象为自然的东西，或者更进一步地说，习惯形成后，虚构才第一次拥有虚构的意义。这样，单单虚荣的东西还不能称为虚构。因此即使虚构是虚荣的，只要虚构是妥当的，那比起单纯的虚荣而言，它就更具有高尚的人性。习惯已经这样显示出更高的人性，习惯不单纯是自然的东西，已经是理性东西的一个形式。

所有的人类的恶都是从不能忍受孤独的地方产生的。

因为不喜欢他人或者对于他人不能使自己愉快的虚荣，就如同舒伯特所说，已经是“一半的德性”。所有的虚荣因为这一半的德性而被允许。如果想除去虚荣的话，它不仅自身可能已经是一个虚荣，而且很容易就堕落成为心地温柔的敌人——傲慢。

试图将艺术家从理想国驱逐出去的柏拉图是有智慧的。但在自己生活中做一个真正的艺术家，这是驱逐虚荣的最好办法。

虚荣是生活中从创造中分离出来的自我标榜。将虚荣与艺术中的自我标榜进行对比思考，你就会找到对虚荣的恰当处理办法。

关于名誉心

没有比名誉心和虚荣心更容易被弄混淆的了，并且，也最需要对二者加以区别。可以说区别二者至少需要人生的一半智慧。名誉心和虚荣心被混为一谈的场合非常多，但是名誉心极其容易变为虚荣心。具体场合区别二者时，你必须具有良好的眼光。

无论是对人生怎样严格的人，他都不会抛弃名誉心吧。斯多葛派可以说是能分辨名誉心和虚荣心，且不被后者所诱惑的人们。不能区别二者的人，即使说自己是斯多葛派，也不过是虚荣使然。

虚荣心的对象首先是社会，然而名誉心首先把自己作为对象。虚荣心是对于社会来说的，相反，名誉心是对自己品位的认知。

所有的斯多葛派本质上是个人主义者，在禁欲主义基于自己的品格的场合，他是善良的个人主义者；

如果是出于一种虚荣的场合，他是坏的个人主义者。禁欲主义的价值和界限，都在于本质上的个人主义。斯多葛派通过把自己的各种感情视为与自己无关的自然物，对其进行控制，在这个过程中他确立起自我或者人格等抽象的东西，对于这个抽象东西的激情构成了道德的本质。

名誉心和自我意识是无法分割的。据说只有人类才拥有名誉心，因为人类远比动物具有更多个性。名誉心对于自我意识来说是构成要素。成为独立的自我，可能是人类最深以及最高的名誉心。

名誉心和虚荣心一样据说是面向社会。但是虚荣心的对象是“社会”，详细说不是甲也不是乙，同时又是甲又是乙的“人”，是匿名的人。相反，名誉心的对象是甲或者乙，是每个人不丧失独立性的社会。虚荣心在本质上是匿名的。

成为虚荣心的俘虏时，人类总会丧失自我，失去个人的独立意识。此时他通过把化名的“人”作为对象，自己也成为化名的“人”，回归到虚无。然而，只要名誉心不转化为虚荣心，停留在真的名誉心上，人类就必须在自我和自我的独立性方面增强自觉意识。

人可以多模仿虚荣心，顺从流行的潮流。流行是无名的东西，所以有名誉心的人最讨厌的就是模仿流行。名誉心是对所有化名东西的抵制。

从发生来讲，人类停止用四肢贴地爬行时，就产生了名誉心。他开始直立步行，是他最初、最大的名誉心的行为。

人类开始直立行走就成为抽象性存在。那时所有器官中最具抽象性的器官——手形成了，同时也可以抽象性思考等，——并且名誉心是对所有抽象性东西的热情。

是否对抽象性的东西有热情是判断名誉心的标准。这样在世界上从名誉心处产生的东西中，其实不知道有多少都是基于虚荣心的。

与其说变为抽象性存在的人类已经和环境无法直接融合共存，不如说和环境相对立，必须通过和环境的斗争而生存。——所谓的名誉心是所有意义上的战士之心。在骑士精神和武士道里，名誉心被认为是基本的德性，也与此有关。

例如珍惜名声，名声是一种抽象的东西。如果它不是，那就没有名誉心，只有虚荣心存在。当今社会的评价都是化名的。因此介意评价的不是名誉心，而属于虚荣心。无名的东西和抽象的东西不一样，将二者区别开很重要。

所有的名誉心多少都考虑永恒，永恒是抽象性的东西。例如珍惜名誉的场合，名誉是对个人的品格的认知，并作为抽象性的东西和永恒相关联。然而，虚荣心却是最具时间性的东西。

借助对抽象性东西的热情，最现实性的自我意识得以确立，——这是人存在的奥秘。例如人类是个抽象性的东西，不过如果没有对人类这个抽象性东西的热情的话，人就无法成为真正的个人。

名誉心的抽象性内容中既有真理，同时也有虚伪。

不具有名誉心的人是在抽象性东西上的覆灭者，并且在这个抽象性东西上能够覆灭，是人所特有的属性，属于他的名誉心的范畴。

名誉心和自我意识不可分割，不过即使说自己，在这个场合也是抽象性的东西。所以名誉心不会停留在自己身上，它不断地朝向外面、朝向社会而去。这个地方存在着名誉心的矛盾。

名誉心必须在晴天时有，但是什么叫晴天呢？是抽象性的氛围。

名誉心的对象不是化名的社会，但是它仍然以抽象性的甲、抽象性的乙，即以抽象性的社会为对象。

爱只对具体的对象产生，这一点和名誉心是相对照的。爱寻求谦虚，名誉心却常常是傲慢。

永恒、人类等抽象性的东西，在宗教里变得最为具体的东西，这是宗教的秘密，宗教才明确了名誉心的界限。

虽然名誉心是抽象性的东西，由于过去的社会不像现在的社会这么抽象，所以名誉心还仍然是有基础的东西。然而随着当今社会变得越来越抽象化，名誉心也变得越来越抽象。（自然形成的）共同社会似的具体性社会中，对社会有抽象性激情的名誉心成为一个很大的德性。利益社会的抽象性社会里，这样的名誉心不再有根基，已经很难分辨虚荣心和名誉心。

关于愤怒

Ira Dei（神的愤怒），——每次看到基督教的文献，这句话总会引发我思考。这是怎样恐怖的思想啊，也是多么深邃的思想啊！

神的愤怒什么时候出现呢？——在正义惨遭蹂躏的时候，愤怒的神是正义之神。

神的愤怒是如何表现的呢？——是通过天地变异的灾难呢？还是通过先知的愤怒呢？或者对于大众发出的愤怒呢？想想神的愤怒吧！

但是正义是什么呢？愤怒之神是自隐之神。在考虑正义的法则时，人们就忘记了神的愤怒。愤怒是一种启示的方式，愤怒的神不是法则的神。

愤怒的神必须有超自然的地方。神本身是超自然的。然而现在神已经被人类化，魔鬼也被人类化了。人道主义者不知道神的愤怒吗？如果是那样，今天的人道主义还有什么意义呢?

因为神爱人，所以给人赋予了人性，这是爱的意义。然而，世界变得人性化，太人性化的时候，愤怒就变为必要，你就会知道神的愤怒了。

今天，关于爱，大家都在谈论。但是谁又曾认真地谈论过愤怒呢。忘记愤怒的意义、只谈论爱，是当今人们没有性格的标志。

恳切地想念义人。义人是什么呢?——是能够了解愤怒的人。

当今社会，更多的人选择忘记对愤怒的伦理意义，他们认为愤怒是应该躲避的东西。但是，真正应该躲避的东西，应该是仇恨而不是愤怒。仇恨只有在直接来自愤怒的时候才有意义，即愤怒好像是仇恨的伦理性基础。愤怒和仇恨本质上虽然是不同的，但是仍然容易被混淆，——也可以说仇恨是忘记愤怒的意义的证据。

愤怒是更加深邃的东西，愤怒可以成为仇恨的直接原因；相反，仇恨只能成为愤怒的附带性原因。

所有的愤怒都是突发性的，这显示了愤怒的纯粹性或者单纯性。然而仇恨基本上都是习惯性的东西，甚至只有习惯性的永久性的东西才被认为仇恨。如果说仇恨的习惯性表现了其自然性，那么愤怒的突发性则表现了其精神性。愤怒是突发性东西，必须阐述启示的深奥性。然而如果仇恨看起来像什么深邃东西的话，那是因为仇恨拥有习惯性的永久性。

可以说没有比愤怒更能搅乱正确的判断的东西了。但是比起隐忍的人，愤怒的人总是应该被宽恕。

人认为爱有种类。爱被分为神的无私的爱、理想的爱（柏拉图的精神的爱）以及肉体的爱三个阶段。与此相对应，愤怒也可以分为神的愤怒、来自名誉心的愤怒、情绪的愤怒三个种类。愤怒可以分种类，说明了愤怒的深奥。不过关于仇恨是否可以区分为同样的阶段呢？你必须对愤怒的内在性特质予以理解。

总把爱和仇恨对立起来考虑，这可以说太过机械性。至少说，神的辩证法不是爱和恨的辩证法，而是爱和愤怒的辩证法。神不知道恨，知道愤怒。忘记神的愤怒的很多关于爱的说法，是把神的爱变成了人的爱。

我们的愤怒大多是情绪化的，情绪化的东西和生理性的东西相连。因此想消除愤怒，人们诉诸生理性手段即可。一般来说生理和道德有很深的关系。过去的人对此了解得很多，也实践了很多，但是现在这种智慧正在慢慢变得匮乏。没有生理学的伦理学，就像没有肉体的人一样是抽象的。作为生理学的一项技术，必须是体操。体操是对身体运动进行正确判断的控制，通过它，你可以调整精神的无秩序。对于受情绪支配的身体，配合适当的体操，这对控制感情很重要。

控制愤怒最好的手段应该是时间吧，因为愤怒都是突发性的。

神命令时间安慰悲惨的人类，但是时间拯救了人类吗？通过时间接受安慰，这属于人的虚幻无常性，时间是灭失性的东西。

我们的愤怒大多存在于神经中，因此构成神经紧张的事由，例如空腹、睡眠不足等必须避免。所有的因为小事而引起的愤怒，我们可以让其不再发生。但是即使是极其微小的事情，一旦引起愤怒，它可能会带来极大的祸害。

社会和文化的现状让人变得十分神经质。于是愤怒也变成了坏习气，愤怒也因此而正在失去其本来的性质，愤怒和焦躁不断地被混淆。出于同样的原因，今天的愤怒和仇恨之间的区别也不再明显。看到愤怒的人时，我会感觉到遇到了古典风格的人。

愤怒作为复仇心可以持久。复仇心是转化为仇恨形式的愤怒。但是愤怒在持久的场合比较难以保持其纯粹性。由愤怒转化而成的复仇心也基本上是转化为单纯的仇恨。

肉欲的爱能够持久的场合，它也会慢慢被净化上升为更高层次的爱，这里隐藏着爱的神秘。爱的路线是上升的，这和人道主义的观念相一致。可以说所有人道主义的根基里都有色情存在。

然而，在愤怒保持恒久的场合，它不会上升为更高层次的愤怒。但是可以感受到神的愤怒中隐藏的神秘，愤怒的路线只有下降式的，让人不得不感受到愤怒根源的深奥之处。

爱是统一，是融合和连续。愤怒是分离，是独立和非连续。不考虑神的愤怒的话，就无法考虑清楚神和人的爱之区别。没有犹太的预言者，人们无法想象基督，离开旧约无法明白新约。

即使是神，他也必须通过愤怒表达其独立的人格。

特别是人性的愤怒，它是来自名誉心的愤怒。名誉心和自我意识不可分割。人在愤怒中即使是无意识的，也在表达自己是单个的人、具有独立的人格。这里隐藏着愤怒的伦理性意义。

今天，愤怒变得暧昧，是因为这个社会上名誉心和虚荣心的区别变得暧昧，这也反映了社会上没有性格的人变多的事实，愤怒的人至少是有性格的。

人被蔑视时最容易发怒。所以自信的人不爱发怒。他的名誉心防止了他的愤怒变得急躁。真有自信的人非常安静，并且具有威严，这是完美的性格。

心中为了避免来自对方的愤怒，而故意显示自己的优越的人，是愚蠢的。在这种场合，你越是显示自己的优越，对方越会感受到更厉害的蔑视，其愤怒会随之增加。真正自信的人不会显示自己的优越。

规避愤怒的最好手段是机智。

愤怒在某些地方有贵族主义的因素，无论是好的意义，还是不好的意义。

只有了解到孤独是什么的人，才懂得真的愤怒。

讽刺这种理性的性格可以应对希腊人的所谓傲慢，希腊人的傲慢和他们的易怒的性格有着不可分割的联系。名誉心和虚荣心的差别变得不清楚，愤怒的意义也模糊不清的今天，即使讽刺没有变少，至少它的大部分效力已经消失了。

关于人的条件

无论采用什么方法，我越是集中精力，越发现自己好像是飘浮在什么东西之上。到底是什么东西呢，只能是虚无的上面，自己只是虚无当中的一个点，这个点可以无限制地缩小。但是不管变得多么小，自己和飘浮的虚无也不是一体的。与其说生命不是虚无，不如说虚无是人的条件。不过，就像一个波浪、一个泡沫无法离开大海去思考一样，你离开这个条件就无法思考人。但是，就像一个波浪、一个泡沫和大海是一体的那样，人和那个条件的虚无也是一体的。生命就是搜集虚无的力量，它是来自虚无的力量。搜集虚无创造的东西不是虚无，虚无和人就像死与生那样不同，但是虚无是人的条件。

人的条件可以想到其他无数的东西。例如这个房间、这张桌子、这本书或者这本书带来的知识，或者这个家庭，整个自然或者家人以及全体社会——世界等。所列举的这些单词所表示的要素，又可以分解为无数的要素，这些要素彼此之间相互关联。人的身体、精神也可以分解成无数要素和具有相同秩序的东西。并且对于一个细胞来说，其他所有的细胞都是条件，对于一个印象来说其他所有印象都是它的条件，这些条件和其他所有条件相关联。这样一直分解下去的话，除了条件以外，你不可能发现人的任何东西。我能被分解为和世界同样的要素，尽管如此，我的确作为和世界不同的东西存在着。人和人的条件是千差万别的，这件事是如何成为可能的呢？

物是人的条件，因为它在虚无中第一次作为那样的物而出现。换言之，无论认为世界是无限大，还是无限小，虚无是人的先天的条件。作为人的根本条件被制约的虚无，其本身可以归于虚无，不，作为虚无的东西，世界的物是人的条件。这样人怎样分解为和世界相同的要素、要素之间的关系，人和世界之间、人与人的条件之间，无论何时都会存在区别。如果虚无不是人的条件的话，你如何才能将自我与世界的要素根本区别开呢？

虚无是人的条件或者是人的条件的条件，才会得出人生是创造形成的结论。自己就是创造力，人不仅是被创造的，世界也作为被创造物，第一次拥有了人类生命的现实环境的意义。生命自己通过创造外部形式、赋予物体以形式等方式，赋予了自己形式。这样的创造形成只有在满足人的条件是虚无的场合才有可能。

世界可以被分解为要素，人也可以被分解为这些要素，要素之间的关系相互承认，要素本身也可以被分解为关系。这个关系可以通过一些法则格式化，但是在这样的世界里生命无法出现，因为生命不单单是抽象的法则、单纯的关系或者关系之和，生命是形式，然而这样的世界里形式不会被考虑。形式必须从其他地方，即从虚无出发进行考虑。形式的创造形成总是来自虚无。现实的建立、形式与形式的关系、形式变为形式等都只有在虚无的基础上才能够理解，这是形式的本质特征。

古代通过实体概念思考，近代通过关系概念或者机能概念（函数概念）思考。新的思考必须是形式的思考。形式不是淡出的实体，也不是单纯的关系或者机能，是两者的综合体。关系概念和实体概念是一体的，实体概念和机能概念是一体的，你在此基础上才可能考虑形式。

以前的人在被限定的世界生活，他居住的地区从头到尾都可以被看透。他使用的工具是来自何地的某某制作的，你也明白某某制作技术大概有多高。另外，他得到的信息来自何地的某某，他也知道那个男人有多大的信用。因为他的生活条件、他的环境是被限定的，所以人本身以及其精神、表情、风貌等，都有清晰的形式，即以前的人曾经拥有性格。

然而今天的人的条件不同，现代人住在无限定的世界里，我不知道使用的工具是什么地方的什么人制造的，我所依据的报道和知识也不知道出自什么地方的什么人之手。不仅所有的东西都是无名的，还都是无形的东西，在这样的生活条件下生存的现代人自身也变得无名、无定形、无性格。

不过现代人的世界是这样无限定的世界，实际上是产生于最被限定的结果。由于交通的发达，世界的每一个角落都是有联系的。我被无数看不见的东西所捆绑。孤立的东西进入无数的关系后，成为被极其限定的东西。实体性的东西被分解为关系后，变为最被严格限定的东西。相比于这个限定的世界，以前的世界不如说是无限定的世界。但是，今天的世界是无限定的，即使被关系或者函数限定，或者因为那样被极其限定的结果，作为形式却成为没有限定的东西。这个无限定产生于特定限定的方法所发达的结果，现代人虽然说是无性格，但是却有特殊的复杂性。

今天人最大的问题，是如何把无形的东西做成有形的东西，这个问题在内部立场上无法解决。因为限定最发达的结果产生了这个无定形的状态，这里存在现代所有超脱性思考方法的意义。创造形成来自虚无，必须是所谓超越科学的艺术性创造。直到一种艺术性的世界观并且不是直观性的创造性的世界观能够支配为止，对于现代来说也许已经无法救济。

现代的混乱中，混合着所有东西。与其说对立的东西被综合到一起，不如说对立的东西被混合到一起更合适。这个新的混合物中会出现新的形式吗？与其说形式产生于综合的辩证法，不如说产生于混合的辩证法。我所说的构想力逻辑，特征必须是作为混合的辩证法。混合是不确定东西的结合，不确定东西的不确定性根据来自虚无的存在。所有的东西都在虚无中，各自被特殊性的虚无所围绕后才考虑混合。虚无不仅具有一般性的存在，还各自具有特殊性的存在。混合的辩证法必须是从虚无中创造形成。古代人的从混沌一片到宇宙产生的哲学中，包含了深奥的真理。重要的是在多大程度上，主体性把握其意义。

关于孤独

“这个无限空间的永恒沉默令我战栗。”（帕斯卡尔）

孤独之可怕不在于孤独本身，而在于孤独的条件。恰如死亡之可怕不在于死亡本身，而在于死亡的条件一样。不过，在孤独的条件以外还有孤独，死亡的条件以外还有死亡吗？除了条件以外，你无法捕捉到它们的实体——死亡、孤独等等都是如此。并且，没有实体性就等于没有实在性吗？

古代哲学对不具实体性的东西则不能思考其实在性。所以关于死亡、孤独，就如黑暗中缺乏光明一样，不过是一种单纯缺乏的意思。然而近代人通过条件进行思考。教会人们这样思考的是近代科学。所以近代科学不是证明了死的恐怖或者孤独的恐怖的虚妄性，而是证明了它们的实在性。

孤独并不是独居。独居不过是孤独的条件之一，并且是外在的条件。不如说人们为了逃避孤独才去选择独居，隐居者大多如此。

孤独不在深山，而在市街。孤独不在一个人里面，而是在很多人的“中间”。孤独如同空间，存乎其间。“真空的恐怖”——那不是物质的，而是人的。

孤独不是封闭于内心。当你感受孤独，请伸开自己的手，并一直凝视它吧！孤独感会瞬间袭上心头。

为了品尝孤独，西方人会跻身市街，而东方人则会遁形于山野。对于他们而言，大自然就如同社会。人们说东方人没有社会意识，这是因为他们不把自然和人对立起来考虑。

东方人的世界是黎明的世界，而西方人的世界则是白昼和夜晚。白天和晚上没有对立的时刻就是黎明。黎明的寂寞，和白天或者晚上的寂寞在性质上是不同的。

孤独有美的诱惑，孤独有味道。如果大家都喜欢孤独的话，就是为了这个味道，女人也知道孤独的美丽诱惑。问题是要达到孤独的更高伦理意义。

可以说一生都在探寻孤独的伦理性意义的克尔凯郭尔，他也常常在孤独的美的诱惑面前败北。

感情是主观的、理性是客观的，这个普遍的看法存在谬误，不如说相反的看法更接近真理。多数情况下，感情是客观的、社会化的，而理性是主观的、人格性的。真正的主观性感情是理性的。孤独不是感情，而必须是属于理性的。

没有比把真理和客观性、非人格性视为一体更有害的哲学见解了。这样的见解是不理解真理的内在性，也不理解真理的外部表现。

没有任何对象能使我超越孤独。我在孤独里超越了整个世界。

孤独时，我们不会被物质所消灭。我们被物质所消灭，是在我们不了解孤独的时候。

物质作为真正的表现形式，是在孤独中逼近我们。只有通过回应孤独召唤的自我表现活动，我们才能超越孤独。奥古斯丁说：植物寻求被人关注，被观看本身就是对于它们的一种救济。但是这种表现就是拯救物，你通过拯救物来拯救自己。孤独就是这样扎根于最深的爱中，这就是孤独的实在性。

关于嫉妒

如果我怀疑人的性善论，那就是因为人的心里存在嫉妒。正如培根所说，嫉妒是最适合魔鬼的属性。因为嫉妒一般会狡猾地在暗地里起作用，伤害善良者。

无论怎样的情感，表现在天真烂漫的场合，总是具有美丽的地方。然而嫉妒没有天真烂漫的地方。爱和嫉妒在很多地方都相似，但是在这点上完全不同。即爱是纯粹的，相反嫉妒是阴险的，即使孩子的嫉妒也是如此。

爱和嫉妒在所有的情感里面是最讲究策略的。和其他情感相比，它们更具有持续性，所以理性的策略可以被加进来。无论什么情感都没有爱和嫉妒这么更令人痛苦，因为其他情感没有它们那么长的持续性。在这种痛苦中，人们会产生各种各样的策略。并且由于嫉妒的掺入，策略性的爱何其多也。因此，只喜欢享受策略性的爱的人，会使用令对手嫉妒的手段。

嫉妒使平常不“思考”的人变得去“思考”。

爱和嫉妒的强度，依赖于促使想象力得以发挥的激烈程度。想象力是具有魔性的东西，人们对于想象力创造的东西也产生嫉妒。爱和嫉妒的策略，是在想象力的驱动下，采取行动时产生的。并且想象力在嫉妒中起作用，也是因为其中混入了爱而引起的。谁也不清楚嫉妒的内部是否有爱，爱的当中是否有魔鬼。

嫉妒是产生于对比自己地位更高的人、比自己更幸福的人的比较。但是其间的差异不会绝对大，自己也可能变为那样。不能是完全性质不同，必须有共同的东西。并且，与其说嫉妒一般不是想抬高被嫉妒者的地位，不如说它想把对方的地位降低到自己以下。嫉妒一般看起来把更高的人作为目标，这只是表面的现象，本质上它是面向基本平等者。这一点，和爱在本性上总是憧憬更高的东西是不同。

作为和爱性质相反的东西，嫉妒就如同必须对爱补充的东西，不停地介入进来。同样职业的人变为真正的朋友，比不同职业者之间要困难得多。

嫉妒不是在本质性的东西上发挥作用，而是在量性的东西上起作用。特殊性的人、个性化的人不会成为嫉妒的对象。嫉妒不懂得认可其他人的个性，也不理解自己的个性。人对于与之类似的人才会产生嫉妒，与此相反，爱的对象不是大众化的人，而是有个性的人。

嫉妒平常是在内心深处燃烧的，但是人们对于它的内在本质知之甚少。

嫉妒是在不懂得神的面前人人平等的人类社会中，求证平均化的倾向。

嫉妒是外向的，不故步自封，这使之成为外向的好奇心的一大原因。不掺杂嫉妒的天真好奇心是如此稀少啊。

相对于理性，一种情感更容易控制另外的一种情感，这是一般性的真理。有人说英雄不是嫉妒性的，那么他们的功名心、竞争心之类的情感比嫉妒更强，更为重要的是它更具有持续性的力量。

功名心和竞争心常常与嫉妒被混淆在一起，但是二者的差异很明确。首先是功名心、竞争心等懂得无私的力量，相反，嫉妒不了解这一点。嫉妒总把一切公事当做私事看待。嫉妒转化为功名心、竞争心，要比不转化困难得多。

嫉妒常常是很忙碌的，据我所知，像嫉妒那样忙碌并且没有任何生产性的情感很少。

如果要定义天真无邪之心的话，那就是说这个人没有嫉妒的心应该是最贴切的。

没有自信才产生嫉妒的说法是正确的。当然如果一点自信都没有，嫉妒也无法产生。对于嫉妒的对象，人们常常避开自己嫉妒的点，顾左右而言他。嫉妒是具有诡诈性的。

有人说为了消除嫉妒心，他需要更加自信。但是自信从何而来呢？是通过自我创造而来。嫉妒不会创造任何东西。人通过创造东西而创造了自己，各具个性，越有个性越不会嫉妒。基于这个事实我们也能明白，离开个性，幸福就不存在。

关于成功

今天的伦理学基本都忘记了两个最显著的东西，就是幸福和成功。并且是在相反的意义上变为这样的，即幸福好像已经不是现代的东西，而成功又是太现代性的东西。

在中世纪的人们的道德之中，好像并不存在我们所说的成功。他们道德的中心是幸福，与此相反，现代人的道德中心可以说是成功。当成功成为人们的主要问题时，人们对幸福已经不太关心。

成功的道德是近代的特征，就类似进步的观念是近代的特征一样。实际上二者有密切的联系。近代启蒙主义的伦理中的幸福论，使幸福的道德转化为成功的道德变为可能。成功和进步的观念一样，是直线上升的思维，然而幸福本来就没有进步一说。

与其说中庸不仅是一个主要的德性，不如说以前它一直被认为是德性的根本形式。打破这个观点后，成功的道德的近代性新意就出现了。

成功的道德大致是非宗教性的东西，和近代的非宗教精神一致。

将成功和幸福、不成功和不幸视为一体以来，人们越来越不能理解什么是真正的幸福。将自己的不幸认为是不成功的人，才是真的应该令人可怜。

嫉妒他人幸福的人，大多数的场合他们是把幸福和成功视为一体的。幸福是具有个人性、人格性的东西，但成功是具有普遍性的，可以量化考虑的东西，所以成功的本性容易伴随他人的嫉妒。

和幸福与存在有关相反，成功和过程有关。所以在别人看待他的成功时，他本人觉得成功好像和自己无关似的，对它漠不关心，这种人可能会加倍地遭到别人嫉妒。

Streber——这个德语最贴切地表达了这种类型的成功主义者，他们才是最庸俗的人。其他种类的庸俗的人，有时候会心血来潮地停止做俗人。然而这种努力奋斗型的成功主义者，绝对不会脱离原来的轨道，所以是彻底的俗人。

Streber——这个词所说的，就是无论在什么场合，都无法理解人生就是冒险的形而上学的人，这些努力家的特征就是缺乏想象力。

能理解成功是属于人生中的本质性冒险时，成功主义的意义就不存在了。从冒险的角度理解成功，还是从成功的角度理解冒险，在本质上是不同的。成功主义属于后者，这里没有真正的冒险。对于人生是一场赌博这句话，一向存在着更多的理解和滥用。

把成功作为一种运动去寻求的人是健全的。

纯粹的幸福对于每个人都是原创的东西，但是成功不是这样，随波逐流者在很多场合都把它和成功连接在一起。

近代的成功主义者在模式上是很明确的，但个性不是这样。

古代的人们的自我意识不发达，不过有不少模式化的人具有个性。在自我意识发达的现代，反而模式化的人都成了量化平均化的人，不再具有个性。现代文化的悲剧或者喜剧，模式和个性是分离的。有个性的人模式化弱，模式化的人个性不鲜明。

成功的道德得到了乐观主义者的支持，他们对人生的意义表现出乐观。乐观主义的基础必须是合理主义或者主观主义，然而乐观主义在这个方向得到洗炼，不知道成功主义还能剩下多少。

成功主义者是处在非合理主义者的场合，这是令人恐怖的人。

近代的冒险心、合理主义、乐观主义、进步观等混合而成的最好的代表，就是企业家精神。古代人的理想代表是贤者，中世纪的理想代表是圣者，近代的理想代表可以说是企业家了吧。然而，没有真正纯粹地掌握好，一般情况下，产生的后果就是近代的拜金主义。

如果人拥有一定的权力，成功主义者是最容易被控制的。控制部下最便捷的方法，就是灌输给他们出人头地的意识形态。

我现在明白了，尼采道德的基础存在于对成功主义的极端反感。

关于冥想

例如我在和别人谈话时，我突然陷入沉默，那时我就是开始了冥想。冥想常常是不速之客。不是我召唤冥想，我也不可能召唤得到它。但是当冥想到来时，它会不拘泥于一切的东西。“现在开始冥想吧”，这样说你就显得太愚蠢了。我能做的，不过是让感到意外的客人做好准备而已。

如果思考是自下而上上升的东西，那么冥想就是自上而下下降的东西。有一种天生的东西，它就是冥想，它和神秘主义有着最深的联系，冥想或多或少都存在神秘的成分。

这个不速之客可能在任何场合到访，不只是一个人安静地独处的时候，在喧闹的场合也可能会来。孤独与其说是冥想的条件，不如说是结果。例如面向众人谈话时，我也会突然遭到冥想的侵袭。对于这个无法抗拒的闯入者，我要么将它消灭掉，要么委身任其摆布。冥想没有条件，所以它才被认为是天生的东西。

柏拉图曾记载，苏格拉底在波提狄亚(希腊北部城市)站立着冥想了一个昼夜。那时的苏格拉底是在冥想，不是在思考。他思考的时候就会出现在市场上，抓住谁高谈阔论的时候。思考的根本形式是对话。在波提狄亚的苏格拉底和在雅典市场的苏格拉底——没有比这更能清楚地表现冥想和思考之间差异的了。

人正在思考的时候也会陷入冥想，这一事实说明了思考和冥想的差异。

冥想没有过程。这一点和本质性、过程性的思考不同。

所有的冥想都很甜美，所以人们才想要冥想，所有的人都喜欢神秘主义，但是冥想并不是依赖我们的愿望而存在的。

所有有魅力的思考，都是基于这个神秘的、形而上学的冥想。在这个意义上，所有的思想本来都是甜美的。以思考为基础存在的冥想是甜美的。

冥想因为甜美所以才诱人，真的宗教反对神秘主义就是因为存在这样的诱惑吧。冥想是甜美的。你被其诱惑的时候，冥想已经不再是冥想，已经变为梦想或者空想了。

让冥想得以生存的是思考的严格。对于被称作不速之客的冥想进行准备，是思考所具有的训练方法。

冥想癖好是个矛盾的词语，因为冥想不是能变为习惯性本质的东西。变为癖好的冥想不再是什么冥想，而是梦想或者空想。

不冥想的思想家不存在，冥想是给予他幻想的东西，没有幻想的真正的思想是不存在的。真正有创造性的思想家常常基于想象力，集中精力严密思考。

勤奋是思想家的主要道德，根据它来判断一个人是思想家、冥想家还是梦想家。当然，人只靠勤奋无法成为思想家，还必须赋予冥想。但是，真正的思想家在不断地和冥想的诱惑作斗争。

人可以通过写作或者一边写作一边思考。但是冥想不是这样，冥想就像精神的节假日，精神就像工作的人类一样需要休假，写得太多或者根本不写对精神都是有害的。

哲学文章的休止符是冥想，思想的主题主要依存于冥想性的东西，冥想是旋律的话，思考就是节拍。

冥想的甜美中多少会有色情的成分。

思考之于冥想，如同精神之于身体的关系。

冥想是思想上的人的原罪，你认为在冥想中或者神秘主义中得到救济的话，那就是异端邪说。和对于宗教人一样，对于思想的人的解救本来就只能通过语言给予。

关于传言

传言是不安定的、不确定的东西，并且是自己无从下手的东西。我们只有在这个不安定、不确定的东西的包围下生存。

那么传言对于我们，如同命中注定的东西吗？即使说它是命中注定的，也是很偶然的东西，它有时候比命运更加强烈地决定着我们的存在。

如果那是命运，我们就必须爱它；如果那是命运，我们就必须开拓它。但是传言不是命运，像对待命运那样去爱和开拓它是愚蠢的。我们一点都不应该拘泥于它，连我们命运都能决定的这个东西到底是什么呢？

传言总是在我们的远方，我们很多时候甚至不知道它的存在。这个远方的东西就这样和我们产生密切的关系。并且这些关系都是你无法捕捉的偶然的集合。

我们的存在，被无数看不到、摸不清的偶然线捆绑着。

传言作为评价，可以说是一个批评，但是作为依据的批评标准并不存在，或者存在有无数的偶然性标准，因此本来不是什么批评，而是极端的不安定和不确定。而且这种极其不安定和不确定的东西，是存在于我们社会的一个最重要的形式。

如同对待批评那样去接受评价，你试图和它认真地加以对质是没有用的。到底以谁为对手呢？对手不知道在何处，或者对手在任何地方都有，我们不断地和无法对质的东西被迫地对质着。

传言不是任何人的东西，甚至不是被传言者的东西。即使传言是社会性的东西，严格地说它也不是社会性的。这个没有实体的东西，大家都不相信它，又都相信它。传言是原始形态的虚构。

传言可以从任何情感里面产生，从嫉妒、猜疑、竞争心、好奇心等情感之中产生。作为传言而存在时，它已经不再是情感的东西，而是观念性的东西了。——被热情地述说的传言不会被作为传言接受——这里存在第一次的观念化作用。第二次的观念化作用是将传言转化为神话，神话是高层次的虚构。

所有传言的基础是不安，这句话包含着真理。与其说不安不是一个情感，不如说是它助推所有情感的东西，是情感中的情感，是超越情感的东西。认为不安和虚无是一体的，也是由于这个原因。从虚空中产生的传言是虚构。

传言没有过去和未来，传言本质上是现在的东西，我们不断地对这个流动的东西加入情感、对它进行合理化加工的结果，就是把它打造成了神话。所以传言在不间断地流传中变为神话。不管传言是怎样的，我们也不会因为传言而火T:。能做到贤明、冷静、不关心，总将传言控制在传言程度之内的人太少了。

没有人为传言负责，承担起责任的我们称它为历史。

传言是否存在，是分辨它是否为历史性物质的标志。即使是自然的东西，变为传言后，也会进入历史的世界。在有人的场合，越是作为历史性人物存在，越会产生更多有关他的传言。历史就是建立在这些不安定的东西之上的。当然，传言不过是历史的入口，大多数的东西在这个入口处就消失了。真正成为历史性东西的，已经不再作为传言而存在，而是作为神话存在。从传言到神话的范畴转变，得益于历史的观念化作用。

历史就这样从情感中创造出观念或者理念，这是历史的奥秘。

虽然传言不过是历史的入口，但是要想进入这个世界，你就必须经过这个入口，历史就是从传言这样粗野的东西、不安定的东西当中产生的，过程如同物体在结晶之前必须有的震荡一样。

历史性的东西与其说在批评中产生，不如说在传言中被决定下来。为了变为历史性的东西，只经过批评是不够的，还必须经过传言这个更加反复无常的、偶然的、不确定东西的检验。

比传言更加有力量的批评很稀少。

历史在不确定的东西中产生，传言是其中最不确定的东西，然而历史却是最确定的东西。

传言的问题是概率的问题，并且和物理学的概率不同，是历史性的概率问题。谁能计算得出它的概率呢?

像谈论传言一样对事物进行批评的批评家多，把批评作为历史性的概率问题对待的批评家很稀少。我所知道的只有瓦莱里，他是这样的批评家。这样的批评家需要数学家那样的理性。但是又有多少批评家是独断的呢？另外有多少批评家，能与自己所处的社会的人相信的东西唱反调，比批评性更注重实践性呢?

关于利己主义

一般支配我们生活的是获取和给予（give and take）原则。因此纯粹的利己主义者完全不存在或者极其稀少。谁能有足够的德性或者能力不获取只给予呢？相反，谁又能有足够的能力或者德性，不给予只获取呢？正如纯粹的英雄主义很稀少一样，纯粹的利己主义者也很稀少。

支配我们生活的获取和给予原则，大多数情况下我们都是下意识地遵守着它们。换句话说，我们只有在有意识的情况下才能成为利己主义者。

利己主义者令人害怕的，不是因为他是利己主义者，而是因为他的自觉意识性。所以令利己主义者痛苦的不是对手，而是他自己的自觉意识。

利己主义者是原则性的人，因为他是自觉意识性的人。——人只有通过习惯才能成为利己主义者。在这两个和前面命题相反或者相互矛盾的命题中，人表现出自己的力量和无助。

我们的生活一般遵守获取和给予的原则，这样说大家大概不会觉得有多少反感，这说明在人生中进行证实该有多困难。甚至利己主义也基本上是想象中的东西，并且成为利己主义者的主要条件，是不具有想象力。

觉得利己主义者无情的，不是因为他没有爱情或者同情，是因为他没有想象力，想象力对于人就是这样根本性的东西。人是通过想象力而不是通过理性和动物区别开来的。即使爱情，如果缺少了想象力，它也不知道会成为何物。

爱情是通过想象力来衡量的。

实证主义在本质上是无情的，实证主义的边缘当然是虚无主义。

利己主义者是不够彻底的实证主义者，或者可以说是不够自觉的虚无主义者。

利己性和实证性常常被搞错，要么是为了辩解，要么是为了反过来攻击他人。

支配我们生活的获取和给予原则，是期待的原则。给予的时候期待着获取，获取的时候期待给予。作为期待的原则，不是决定论的东西，而是概率论的东西。人生就是这样建立在概率之上的。在人生里面，概率性的东西就是真实的东西。

我们的生活建立在期待之上。

期待具有束缚他人行为的魔力，我们的行为不断地被这个咒语所束缚，道德的约束力也来源于这个基础。采取和他人的期待相反的行为，比想象的要困难得多。有时你甚至没有勇气采取与众人期待完全相反的行动，按照社会期待行动的人大多终究会迷失自己。被称作优秀的人，最终变得跟平凡的人一样，就是其中的一个例子。

利己主义者是没有期待的人，所以也是没有信用的人，所以他常常会被猜疑心所折磨。

利己主义者认为获取和给予原则是打算的原则，不是期待的原则。

人是否是利己主义者，在于其获取的账单能够延迟到多远的未来进行结算。这个时间的问题不单是打算的问题，还是期待的、想象力的问题。

在这个世界上得不到的东西，期待在他死后能够得到的人具有宗教性。这是康德证明神存在的内容概括。

利己主义者的默认前提是自己和其他人不一样。如果每个人都是利己主义者，那么他的利己主义就无法成立。利己主义者的误算，是不理解其中的差异不过是结账期限问题，这只能证明他缺乏想象力。

利己主义者认为自己是十分合理的人，他对此也常常公开谈论，甚至引以为傲，他不理解自己理智的界限在于缺乏想象力。

社会契约论的前提是所有的人都是利己的，这个学说是没有想象力的合理主义的产物。社会的基础不是契约而是期待，社会是建立在期待的魔性约束力之上的。

无论怎样的利己主义者，他都把自己的特殊利益作为一般性利益来主张——从这里产生了很多的理论。——与此相反，在爱和宗教中人却光明正大地主张自己，他们蔑视理论。

“利己主义”这个词常常用来攻击他人。“主义”这个词与其说是对自己的称呼，不如说是被反对者加上的，这是平常最容易发生的事情。

关于健康

什么对自己有益，什么对自己有害，自己的观察是保持健康的最好物理学，这件事情本身有超越物理学规则的智慧。——我不由得在此记录下培根的话，这是极其重要的养生训。在这句话的深处存在朴素得让人感到虔诚的真理：健康是每个人自己的东西。

谁也不能代替他人的健康，并且谁也不能代替自己的健康。健康是每个人自己的东西，在这一点上人们都是平等的。我从中感受到了一种宗教性的东西，所有的养生训都必须从这里出发。

关于风采、气质、才能等，它们各有各的特性，这个大家都知道。关于健康也一样，健康是非常个性的东西，能理解这一点的人不多。这种场合，大家都用健壮、孱弱等一般性的判断就满足了。不过在恋爱、结婚或者交往的时候，决定幸福或者不幸的一个最重要因素，就是个人健康这个极其个性化的东西。生理的亲和性不亚于心理的亲和性，微妙而且重要。很多人没有注意到这个，但是本能在为他们做着选择。

这样健康如果是个性化的东西，关于健康的规则就和关于人的个性的规则相同了——即首先发现自己的个性，忠实于自己的个性，然后形成这种个性，生理学的规则和心理学的规则相同。或者生理学的规则必须变为心理学的规则，反之心理学的规则也必须变为生理学性质。

养生论的基础里有全部自然哲学，以前在西方和东方都是如此，今天也必须是这样。这里的自然哲学当然不是医学、生理学等。这个自然哲学和近代科学的不同，就是后者是从窘迫感出发，前者是从所有感出发。发明产生于窘迫感，所以和后者是发明性的相反，前者是发现性的。近代医学是从健康的窘迫感出发、在此意义上的疾病感出发而产生的。然而在以前的养生论中，我们是从所拥有东西的健康出发，考虑如何创造形成和保持这个自然的东西。健康不能被发明，疾病可以被发明。

健康是人的自然问题，因为那不是单纯的身体问题，健康不仅需要身体的体操，也需要精神上的体操。

我的身体只要仍然存在于世界上，我的思想就可能变化。想象的疾病可以转化为实际的疾病，尽管我的假定在其他方面无法打乱其秩序。最优先的是你必须远离对于自己身体的恐怖。恐怖只能产生无效的情绪波动，并且思考常常增加恐怖。人想着自己快要灭亡了，不过一旦遇到什么紧急事件，他马上会发现自己的生命很完美。这样的例子有很多。

顺从自然是健康法的公理，有必要对这个词语的意思在形而上学深度进行理解。目前的自然不是一般性的东西，是个别性的东西、自我创造性的东西。顺服自然就是模仿自然——模仿的思想和近代发明的思想不同。它的好处在于能去除无用的担心，带来令人放心的道德效果。

健康如同物的形状一样是直观、具体的东西。

即使在近代医学发达后，健康的问题最终还是自然的形而上学的问题。如果必须有什么变化的话，形而上学的东西只需变为新的东西就可以了。医生反而不注意关于健康的这句谚语，只能表示养生医生也需要形而上学。

客观的东西是健康，主观的东西是病态。从这句话包含的形而上学中，人们应该可以得出优秀的养生训吧。

能给健康观念带来最大变化的是基督教，这个影响来自主观性的哲学，寻求健康哲学的尼采那样攻击基督教是理所当然的事情。但是尼采的主观主义，对于他那样求证的健康哲学是具有破坏性的。这里应该注意的是，近代科学的客观主义是近代主观主义的单纯翻面，二者就像是双胞胎一样的东西。这样在主观主义出现后，疾病的观念开始带有个性，获得了原始的意义，疾病比健康缺乏更加积极的意义。

近代主义抵达的终点据说是人格的分裂，同时发生的重要事情，是健康的观念也同样分裂了，现代人可以说不再拥有健康的完整形象，这是现代人不幸的很大原因。如何才能恢复健康的完全形象，是今天最大的问题。

“不存在所谓的健康。”尼采这样说道。这不是科学的判断，只是尼采哲学的表现方式。“什么是一般的疾病，与其说依赖一生的判断，不如说依靠患者的判断以及各文化圈的支配性认识。”卡尔·雅斯贝尔斯说道。并且如果像他考虑的那样，疾病、健康等不是存在判断而是价值判断的话，那应该属于哲学了吧。经验式的存在概念只会拿出平均这个东西。但是通过平均的健康无法把握每个人自己健康的任何本质问题。如果健康是目的论概念，那就要脱离科学的范畴了吧。

自然哲学或者自然形而上学的丧失，是这个时代这样丧失健康的原因。这也是在这个科学时代，关于疾病仍存在那么多迷信的原因。

事实上，关于健康的很多记述常常包含或多或少的形而上学原理。例如，进行变化、交换相反的事物，但是要对于更稳定的极端抱有好感；运用绝食和饱食，但是莫如选择饱食；醒着和睡着，但是莫如选择睡着；坐着和活动着，但是莫如选择活动着。——这是一个形而上学的思考。另外又例如，改变唯一的事情不好，改变更多的事情才会更加安全。——这表达了一个形而上学的原理。

健康和平和一样，有很多的种类、很多价值的差异。

关于秩序

例如让新来的保姆打扫自己的书房，她可能会把桌子上或者周围杂乱无章摆放的书籍、资料、文具等整齐地摆放，她对此也很满意。不过，当我坐在桌子前工作时，就会产生一种不整齐、无着落的感觉，一个小时之内，好不容易才整理好的东西，就会恢复原来的无序状态。

这是有关秩序的一个简单例子。外表被整理得极好的东西，不一定是有秩序的，不如说外表看来无秩序的地方却存在着秩序。这个场合的秩序，很明显和心里的秩序有关。无论是什么样的秩序，如果和心里的秩序不同，就不是真正的秩序。将心里的秩序排除在外的话，无论外表多么有秩序，都是空洞的。

秩序是生命之所以成为生命的原理，这里必须始终有温暖存在，人是通过温暖感知生命的存在的。

另外秩序还必须是使之充实的东西，简单切割或者拆卸不能形成秩序，虚无很明显是和秩序相反的东西。

但是秩序常常是经济性的东西，用最少的费用获得最大的效果的经济原则，也是秩序的原则。这可以用极其便捷的事实加以证明。节约——普通的经济性意义上——是尊重秩序的一个形式。这个场合的节约不仅是很大的教养，也是接近宗教式的虔诚。反过来可以说，节约只有在崇拜秩序的形式的意义上，才具有伦理性的意义。在很多场合无序来自浪费。对于心里的秩序来说，金钱的浪费就是没有秩序。

利用时间是秩序的爱的表现。

最少费用发挥最大效率的经济原则，同时也是心里的原则，因为这个经济法则实际上也是美学法则。

美学的法则甚至在政治秩序方面都堪称模范。“时代政治问题可以用美学来解决”，席勒的这句话，对于秩序的问题是最好的注释。

光靠知识不够，能力是关键问题，能力可以用技术来代替。秩序属于心里的秩序时，是技术的问题。

只理解这件事情还不够，你还必须获得能力。

最少的费用获取最大的效果，与其说是经济性法则，实际上不如说是技术性法则，作为这样的东西而进入美学之中。

柏拉图著作当中的苏格拉底说道：德性是心的秩序。我不知道是否还有比这更加具体的、实证性的德性的规定，今天最容易被忘记的就是关于德性的这种思考方式。论证德性是心的秩序这个定义时，在苏格拉底使用的方法中，应该引起人们注意的是和建筑术、造船术等各种技术的对比论，它具有超过对比论的重要意义。

对于心这个没有实体性的东西，我们该如何使用技术呢？一定会有这样的说法。

现代物理学在电子学说产生后，物质这个东西被剥夺了实体性。这看上去是将整个物质世界都化成了完全没有实体性的东西。我们避开“实体”概念，必须用“作用”的概念进行替换，利用数学方式描述的物质丧失了所有日常生活中的亲切感。

不可思议的是，和物质观念变革相对应的变革，在毫不相关的人的心中被准备并被实现。现代人的心理——不一定说是现存的心理学——和现代物理学的平行发展，被批判似的表明出来，这必然成为新伦理学的出发点。

知识分子的原始意义是能制造东西的人，别人无法制造出来的东西，知识分子可以制造出来。我们必须再一次想起知识分子的这个原始意义，这很有必要。

荷马的英雄们自己制作手工制品。据说欧迈俄斯自己裁剪皮革做鞋，就好像奥德赛是非常灵巧的木匠。对我们来说这没有什么值得羡慕的吧?

道德中也有手工业制品似的东西，并且这是道德的基础。

今天的物质技术从“工具”技术转化为“机械”技术的巨大变革，在道德的领域也呼唤这样的变革，但这是困难所在。

通过制造而了解很重要，这是近代科学的实证主义精神，道德在这个意义上也必须是完全实证性的。

柏拉图根据心的秩序，思考相应的国家秩序，不是什么奇谈怪论，这个构想包含了很深的智慧。

所有的秩序构想的基础都必须设定价值体系，然而今天流行的新秩序论基础存在怎样的价值体系呢？即使是伦理学也抛弃当今的价值体系设定，并且还完全狡猾地摆出一副不以为然的样子。

尼采在提倡转变一切价值取向后，还没有被认可的价值体系出现过。从那以后，新秩序的设定常常不得不采取独裁的形式。转变一切价值的尼采思想，事实上在近代社会表现为价值的无秩序。近代的民主主义在本质上从价值的多神论，有可能堕落到无神论，即虚无主义的危险境地。对此理解最深的是尼采。并且这种虚无主义、本质上的无秩序才是独裁政治的地盘。如果不期望独裁的话，你必须克服虚无主义，从内心深处站立起来。然而现今我国很多知识分子虽然极端讨厌独裁，但是无论如何也没有办法脱离虚无主义。

外部的秩序可以通过强力创造出来，但是内心的秩序无法做到这一点。

人格是秩序，自由也是秩序。——这样的事情必须被理解，在被理解时，主观主义变得不充分，即必须多少承认些客观的东西。近代的主观主义因为丧失了秩序的思想而陷于虚无主义之中。所谓的虚无的哲学，如果没有秩序的思想特别是价值体系的设定，就存在变为绝对虚无主义的危险。

关于感伤

精神是什么，这可以通过身体了解。我在活动的时候可以高兴，高兴可以让我的运动更活跃；我在活动的时候可以发怒，愤怒可以让我的运动更剧烈。但是感伤的时候，我有必要停下来，至少有必要保持接近静止的状态。一开始活动，感伤就会停止或者变成其他的东西。所以让人脱离感伤，首先要做的是让他站起来，强制他去活动，这些显示了感伤的特质。如果说日本人特别感伤是正确的话，可能跟我们长期的生活方式有关。

感伤的场合，我是坐着眺望，不时站起来走出一定的距离。不，也许我根本没有眺望什么。不管是针对什么样的感伤，结果都是停在自己身上，不是进入到物的里面。批评也好、怀疑也好，只要不进入物的里面，都只不过是一种感伤。真正的批评和怀疑，是进入物的当中。感伤不是和爱、仇恨、悲伤等其他情感相区别的一种东西，不如说感伤是所有情感都可以获得的一种形式。所有的情感，从最粗野的东西到最理性的东西，都可以感伤的形式存在或者发挥作用。爱也可以变成感伤，仇恨也可以变为感伤。简单地说，感伤是情感的一个普遍的形式。之所以给人感觉，它好像没有什么实体的东西，是因为它不是情感的一个种类，而是一个存在的方式。

感伤存在于所有情感的外部表面，即所有情感的出口，同时也是情感的入口。在以后的场合需要注意，当一种情感停止活动时，作为感伤的后续而延伸，并以感伤结束。哭泣可以使情感镇静下来，也是因为这个理由。哭泣是把剧烈的情感活动改变为感伤的最便捷手段。但是光哭是不够的，必须哭得崩溃，即需要静止下来。不过特别感伤的人，不对任何情感加上固有的活动，而在外部表面的入口使其扩散。所以感伤的人绝对不能说深奥，是属于无害的人。

感伤不知道矛盾，人的爱和仇恨可以分裂。但是在感伤的场合，爱和恨可以融为一体。运动是从矛盾中产生的，从这个意义上讲，感伤不能认为是活动的。那只是流动，不如说是在漂浮。感伤是和解的便利手段，所以常常被和宗教性的心、破碎的心等所混淆。我们的感伤之心受佛教无常观影响的地方不少，因此你对二者进行严格的区别很关键。

感伤只能唤起感伤，不然它就会消失。

情感通过其固有的力量进行创造或者破坏，但是感伤不是这样。情感通过其关于的力量唤起想象力，但是陪伴感伤的只有梦想。想象力可以具有创造性，但是梦想没有。这就是活动的东西和不活动的东西的差异吧。

将感伤作为艺术化考虑的，是只有一种感伤的场合。将感伤考虑为宗教的人，只能说感伤的程度更深。宗教和艺术都是摆脱感伤的出口。

冥想很多时候出自感伤，至少会有感伤相伴，或者转化为感伤。思考的人不能受不了感伤的诱惑。

和所有的兴趣一样，感伤在本质上只作用于过去的东西。它不对正在形成的东西起作用，而是对已经形成的东西起作用。所有过去的东西都具有令人感伤的美，感伤的人喜欢回忆过去。人对于未来不会感伤，至少可以说成为感伤对象的未来不是真正的未来。

感伤不是制作性的而是欣赏性的。但是我们通过感伤欣赏什么呢？不进入物之中我们能够欣赏吗？通过感伤我们不是品味物而是在品味自己。不，确切地说我们连自己也没有品味，只是在品味感伤本身。

感伤是主观主义，青年感伤是因为这个时代是主观性的时代。主观主义者无论怎样以概念或者伦理粉饰，他的内心都只是一名感伤者。

在所有的情感当中，喜乐是最少变为感伤的，因为喜乐具有特殊的积极性。

感伤没有个性，因为它不是真的主观性，在这个意义上感伤是大众性的，所以大众文学本质上是感伤性的。大众文学的作者常常以过去的人物为写作对象，跟这是有关系的吧。他们和纯文学作家的差异，是他们不能同样巧妙地描写现代的人物。这个简单的事实中，包含了艺术论里的各种重要问题。

感伤大致存在的场合都会陷入因循守旧之中。

身体的外貌和精神的状态不一定一致，看起来很健壮的人有时候却是非常感伤的人。

据说旅行让人感伤，他是因为活动而变得感伤的吗？如果是那样，我最初的定义就错了。但是如果不是那样，在旅途中人容易变得感伤，不如说是因为从日常生活中脱离出来，变得无所事事的原因，感伤是我的周末。

行动的人不感伤，思想家必须像行动家那样去思考。勤奋是思想家的德性，因为变为感伤的诱惑太多。

看到万物的变化变得感伤的人，是他自己无法捕捉住变化的物而进入其中的缘故。知道自己也在变化之中时，我可能就不止停留在单纯感伤的地步了。

感伤常常伴随或多或少的虚荣。

关于假说

思想是什么，如果对照生活去思考，你可能就清楚了。生活是事实，完全是经验性的东西，而思想常常存在假设的内容，没有假设内容的思想不可能称为思想。作为单纯思想拥有的力量是假设的力量，思想跟随假设的伟大而伟大。如果思想没有假设的地方，该如何和生活区别呢？思考本身很明显也是我们生活的一部分，它不是别的东西。尽管如此，你还要从生活里把它分辨出来，是因为思考本质上是在假设性地思考。

思考是一个过程，过程性的思考可以是方法性的。然而，思考的过程性，是因为假设性地思考，即假设性的思考可以是方法性的。使你怀疑因为也是方法性的，所以必须依靠假设，这在笛卡尔的怀疑中已经被很典型地表明了。

假设性地思考和逻辑性地思考并不是简单的相似。与其说假设在某种意义上比逻辑更具有根源性，不如说逻辑是来源于假设，也可以说逻辑本身就是一个假设，假设本身甚至具有创造出逻辑的力量，比逻辑更不可靠的东西里产生了逻辑。只要认为逻辑可以创造出假设，就必须认为逻辑本身也是假设性的东西。

所有可靠的东西都是从不可靠的东西中产生出来的，而不是相反，这是应该令人深思的地方。即可靠的东西不是被给予的，而是被创造出来的，假设就是这个创造性的力量。认识不是摹写而是创造，精神是艺术家，不是镜子。

但是只有思想是假设性的，人生不是假设性的吗？人生也是某种假设性的东西。人生是假设性的，是因为和虚无相联。每个人都是为了证明一个假设而出生的。生存，不是单纯为了证明活着吗？——这样的证明大概不需要——实际上是为了证明一个假设。所以可以认为人生就是一个实验，——没有假设不可能有实验。本来不是随便做什么都可以，而是为了证明、求证固有的假设。

人生如果是假设的，思想对人生也是假设的，就像区别二者一样，人生相对于某种东西来说，必须存在一种作为假设的东西。

假设不是单纯的逻辑性东西，很明显它在文学的思考中也存在。小说家的创作活动就是一直证明他的假设。这和人生是假设的证明意义相似。至少在这个场合，假设不单纯属于思维，也属于构想力。也可以说是虚构。假设是不确定的、可能性的东西，所以如何证明是个问题。我们说它是不确定的、可能性的东西，不单是逻辑上的意义，更具有存在论的意义。换言之，人的存在不仅是以虚无为条件，而且意味着和虚无混合到一起。因此假设的证明必须和创造性形成的小说一样。人生的实验就是这样创造形成的。

从思想中分辨常识的最重要特征，是常识没有假设的成分。

也许有人说，思想不是假设，必须是信念。然而思想必须是信念，才表明了思想就是假设。常识存在的场合更不需要信仰，因为常识没有假设的成分。常识是已经存在的信仰，相反，思想必须成为信仰。

所有像样的思想常常有极端的地方，因为它是对假设的求证。与此相对，常识具有很大的德性是中庸。然而，真的思想在转化为行动时具有生死攸关的性质。思想的这种危险性，将之付诸行动的人会理解，从事思想工作的人反而会忘记。不过，伟大的思想家比行动者更深地明白这一点，苏格拉底从容就死就是这个原因吧。

常常遭到误解好像成了思想家的命运，这是因为社会上理解他的思想是一个假说的人太少，但是其实一半的原因在思想家本身，他忘记了自己的思想是假设的东西。这很多时候是因为懒惰，只要持续地探求，思想的假设性性质就很明显。

折中主义作为思想很无力，是因为失去了假设的纯粹性，不管是否喜欢，它已经接近常识，而常识没有假设性的成分。

假设是近代科学带来的最恐怖的思想。近代科学对于实证性的误解，产生于完全忽视或者把握其中包含的假设的精神。这样的实证主义只能陷入虚无主义。不明白假设的精神的话，实证主义只能堕落为虚无意志。

关于伪善

“人生来就是个骗子，”拉布吕耶尔说，“真理是单纯的，而人喜欢花里胡哨、装饰门面的事情。真理不属于人，所有的完全性都来自上天。人只喜欢自己的作品和编造的童话故事。”说人天生撒谎，因为虚荣是他存在的一般性格。所以他才喜欢花里胡哨的、装饰门面的事情。虚荣按照实体来说就是虚无，所以人才编造故事，喜欢自己的作品。真理不是人的工作，是天生的，在所有的完全性上都和人没有关系，是本来就存在，以后也存在的。

在本性方面，虚荣的人是伪善的。如同离开真理不存在善一样，伪善也能离开虚荣。理解善和真理是一体的人，就能理解伪善是什么。就像虚荣对于人生有作用一样，伪善对人生也有一定的作用。不理解伪善和虚荣本质上是相同东西的人，就会声称对伪善反感，自己成为虚荣的一个俘虏。使用一个奇怪的词语“伪恶”称呼伪善，就属于这种情况。那个伪恶不是很明显是人类的靠不住的虚荣吗？这从另一方面明确了伪善只能是虚荣。这种伪恶家的特点是感伤性，我没有见过自称伪恶家的人不是感伤家的，他对伪善反感的道德也只能是感伤主义。伪恶家不像自己想象的那样高深，他的想象也属于感伤主义。如果把他作为无害的人，那是因为一般感伤的人虽然不高深但却无害。

认为人只和其他人相关时才会表现出伪善是错误的。伪善是虚荣，虚荣的实体是虚无，而且虚无就是人的存在本身。跟所有的德性本来都是自己的东西一样，所有的道德败坏本来也是自己的东西。忘记自己，单单把其他人、社会作为对象考虑，才出现了伪善者。所以着力强调道德的社会性以来，我们之中出现了太多的伪善者。或者不如说道德的社会性理论好像是为了掩盖现代特征的伪善，而被特意地宣扬。

我们有谁不是伪善的呢？虚荣是人存在的普遍

性特征。伪善者最令人恐怖的，与其说是因为他的伪善，不如说他是有意识性的人。但是他意识的不是自己，不是虚无，是其他的人和社会。

扎根于虚无的人生是虚构的东西，人的道德也是虚构的东西。所以伪善才得以存在，甚至会起到一定的作用。然而虚构的东西不是静止不动的，其实在性是必须被证明的。伪善者和其他人的区别，是根据其是否具有证明的诚意和热情来判断的。人生里的证明是一种创造，是内部和外部成为一体。但是对于伪善者来说，内部和外部是分离开的，伪善者没有创造什么东西。

谎言为什么可能存在，是因为所有的表现本身都具有作为真理被接受的性质。东西被表现后就与我们无关了。表现就是这样令人恐怖的东西。恋爱的人由于想到语言和表现是令人恐怖的东西,而浑身发抖。今天有多少作家真正理解了表现的恐怖性呢?

不断意识到他人的伪善者，不是阿谀奉承之徒的很稀少。伪善令其他人灭亡的原因，与其说是伪善本身，不如说是其中蕴含的阿谀奉承的成分。是否是分辨伪善者的标准，要根据是否具有阿谀奉承性判断。阿谀奉承的话比说错话更坏，后者不会让人腐败，前者可以让人腐败，让他的心不再具有认识真理的能力。连撒谎都比阿谀奉承有道德。谎言的害处主要来自其中混入的阿谀奉承，真理是单纯、直率的，但是背后的面貌却是千奇百怪的，伪善为了阿谀奉承而采取的姿态也是无限的。

位高权重者最需要的德行，就是具有识别阿谀奉承者和纯真之人的能力。这不是件小事情。如果他拥有这样的德行，那就可以认为他已经具有了其他的一切德行。

“善隐者善存”这句话，包含了生活中的深邃智慧。隐藏不是伪善也不是伪恶，反而是自然的生存方式。自然方式的生活就是隐藏，是最能看透世界上的虚荣而生存的方法。

现代道德颓废的特征，就是伪善成为颓废的普遍形式。这是颓废的新形式。颓废一般是形式上崩溃，不过这种场合的形式还非常完整，而且绝对不是旧东西的形式，甚至完全是新东西的形式。并且形式的内部是没有任何生命的，即使存在着形式，也是对心灵没有任何慰藉的虚无，这就是现代虚无主义的特征。

关于娱乐

人必须了解享受生活，“生活技能”就是享受生活。这是技术，是德性。进入到物当中，你要保持自己的自律性，这是所有技术的本质。生活的技术也是类似的，无论什么情况下你都可以身在生活，并且能够超越生活，从而享受生活。

娱乐这个观念恐怕是近代的观念，那是机械时代的产物，具备那个时代的所有特征。娱乐是日益不识生活之趣的人琢磨出来的东西，它是对于幸福的具有近代特色的替代品。不懂得思考关于幸福的近代人，却对娱乐进行思考。

给娱乐下一个简单定义的话，它是其他方式的生活。“其他”是什么比较关键，这个“其他”原来意味着宗教性的东西，因此对于人来说，娱乐只有作为祭祀才可能被享受。

失去这样的观念时，娱乐只是单单作为相对于劳动时间的玩乐时间、相对于认真活动的享乐活动，即与“生活”不同的东西而被考虑。认为享受不是在生活之中，而是在生活之外，即存在于娱乐之中。本来是生活的一种的娱乐，和生活对立了起来，生活的分裂产生了娱乐的观念。寻求娱乐的现代人，或多或少地都是双重生活者。近代的生活就是这样残忍，那些感到生活痛苦的人都在寻求生活之外的娱乐，可是娱乐本身也很残忍。

从“娱乐是生活的附属品”这样的观点出发，你可以认为放弃娱乐是可以的，甚至不如说娱乐是应该放弃的东西。

祭祀和其他的秩序、更高的秩序结合在一起。虽然生活和娱乐属于同样具有秩序的东西，它们却被对立了起来。应该说是现代秩序思想的丧失，造成了貌似对立的根源。

帕斯卡尔认为，从其他的、更高秩序来看，人生的所有经营，无论是认真的工作，还是及时行乐，都不过是一种娱乐（divertissement）。

为了除去生活和娱乐的对立，你有必要回归到这个思想进行思考。娱乐观念的基础也必须是形而上学。

例如自己的专业不是娱乐，娱乐是自己专业以外的东西。绘画对于画家来说不是娱乐，对于公司职员是娱乐；音乐对于音乐家来说不是娱乐，对于打字员是娱乐。这样关于所有的文化，人们都有一个相对的娱乐性的对待方式，可以说这就是现代文化堕落的一个原因。

现代教养的缺陷，是在娱乐的形式里寻求教养的结果。专业是“生活”，教养和专业是不同的东西，不过教养终究还是娱乐。

从专业的角度区分生活和娱乐后，也就产生了以娱乐为专业的人。对于这样的人来说，娱乐是生活而不可能是娱乐。于是纯粹的娱乐被创造出来，娱乐离生活越来越远。

随着以娱乐为专业的人出现、纯粹的娱乐的产生，对于一般的人来说，不再是参与制造娱乐者，而成为单纯的外部观看享受者。他们的参与只是加入其他观众或者听众之中。和祭祀是唯一的娱乐形式的时代比，大众或者纯粹的娱乐或者享乐，已经占据了神的地位。今天娱乐的大众性大致就是这样的东西。

生活和娱乐虽然被区别开，但他们却是一体的东西。在抽象的意义上使其对立后，就产生了各种关于娱乐、关于生活的错误观念。

娱乐成为生活，生活必须成为娱乐。生活和娱乐有必要在人格上统一。享受生活，所以幸福必须是这时候的根本观念。

娱乐成为艺术，生活必须成为艺术。生活的技巧就是生活的艺术。

娱乐在生活中创造生活的形态，娱乐不单纯是消费性的、享受性的东西，也必须是生产性的、创造性的东西。娱乐不单纯是看了以后的享受，更重要的是创造时的享受。

娱乐作为其他方式的生活，激发我们平常不太使用的肢体、能力，使其形成教养。这种场合当然娱乐只是其他方式的生活，而不是生活之外的其他东西。

作为生活要素之一的娱乐，如果说这个抽象概念的产生是因为近代技术对人类生活产生的影响，那就需要一种技术来管制这一机械技术。管制技术的技术是现代文化的根本问题。

今天所谓的娱乐的唯一意义是生理性的东西，“健康的娱乐”的暗语说明了这一点。所以我只相信今天所谓娱乐当中的体操和体育运动。娱乐是卫生，不仅是身体的卫生，也必须是精神的卫生。并且像身体的卫生能改善血液循环一样，精神的卫生也可以改善观念的活动运行。停滞的观念今天如此之多，证明娱乐的意义和方法没有被真正理解。

享受生活的必须是现实主义者，但是那个现实主义者必须是技术的现实主义者，即生活的技术顶端常常必须有想象力。所有的小事情也有必要得到研究和发明。并且不能忘记的是，发明不单纯停留在手段的发明上，也必须是目的的发明。第一级的发明，即使在所谓的技术上，是新技术手段的发明，同时也是新技术目的的发明。真正享受生活的，在生活上要具有发明创造性，发明创造对新的生活欲望很重要。

快乐主义者是生活艺术上的广泛兴趣爱好者。真正的享受生活者是不同于广泛兴趣爱好者的具有创造性的艺术家。

关于希望

人生中的任何事都是偶然的，但是人生中的任何事又都是必然的。这样的人生，我们称之为命运。如果一切都是必然的，我们不会再考虑命运，不过如果一切都是偶然的，我们也不会考虑命运。偶然的东西又是必然的，必然的东西又是偶然的，所以人生才是命运。

希望如同命运，就如同将命运的符号反过来一样。如果一切都是必然的，不可能再有希望，但是如果一切都是偶然的，也不可能存在希望。

人生如同命运，人生是希望。对于命运似的存在着的人，活着就是怀揣着希望。

人们会这样说：自己的希望是和名字叫 F 的女人结婚，自己的希望是住在名字叫 V 的城镇里，自己的希望是获得称作 P 的地位，等等。但是为什么这些是希望呢？这些难道不是叫作欲望的东西吗？不是叫作目的的东西吗？或者叫作期待的东西吗？希望和欲望、目的、期待等都不一样。自己和她相遇是命运，自己来到这个地方是命运，自己处于今天的地位是命运。每一件事情对我来说都是命运，是因为我的存在作为一个整体，本来就是命中注定的。

或者有人会说命中注定是令人绝望的，然而不正是因为命中注定才可能有希望吗？

拥有希望，不久会失望。所以有人说，不想尝试失望的痛苦的人最好刚开始就不要拥有希望。但是失去的希望不是希望，反而是一种类似期待的东西。有很多有具体内容的希望可能会失去，不过绝对不可能失去的是本来的希望。

例如失恋时是不再爱吗？如果他或者她已经完全不爱了，那么他或者她就已经不是失恋的状态，而转移到其他状态了。关于失望也可以同样考虑。实际上，爱和希望之间有着密切的联系，希望由爱而生，爱由希望来培育。

爱不也是命运吗？命运作为必然，显示出自己的力量时，爱也一定被捆绑。为了从这样的命运中解脱出来，爱必须和希望结合在一起。

希望这个东西是生命的创造形成力量以外的什么东西呢？活着必须有希望，是因为希望是形成生存的东西，希望是生命的创造形成力量，我们的存在通过希望才能达成完美。生命的创造形成力量是希望，这意味着它是从无到有的创造形成。命运就是那样的无吗？希望是从无中出现的观念的力量，希望显示了人存在的形而上学性本质。

活在希望里的人常常很年轻，不，是意味着生命本身在本质上的年轻。

爱不在我这里，也不在对方那里，在我们之间。在中间意味着比两个人的任何一方，或者两人之间的关系都更有本源性。这在两个人相爱时，作为两人中间的第三种东西被人所察觉。这个第三种东西是两个人中的任何一人的东西。希望和这有类似的地方，希望不是从我内部产生的，却全部是我内部的东西。“真的希望来自绝望”这句话，意味着希望不是产生于自己，因为绝望是放弃自我。

在绝望中无法放弃自我，在希望中无法拥有自我，这是近代主观性人们的明显性特征。

人格主义的根本逻辑，是自己拥有的东西无法失去。但是不如说是必须相反，从其他人那里给予的不是自己的东西，所以我们才无法失去。近代的人格主义变为主观主义后，就只能解体了。

有人说希望和现实不能混淆，的确如此。不过希望是不可靠的东西吗？希望常常拥有人生那样的可靠性。

如果一切都被保障的话，那就不会再有希望存在。但是人们总是在追求那样可靠的东西吗？对所有的事情都希望被保障的人——甚至对于战争也设立保险公司——也热衷于赌博。换言之，他对于被发明的偶然、被强行创造的命运而焦思苦虑，由于恐怖或者不安而给希望带来刺激。

希望的可靠性和想象力的可靠性是具有同样性质的东西，生长形成东西的逻辑和固定形体东西的逻辑不同。

解决人生问题的关键，就是你好像发现了可靠性这个新标准。

希望好像没有限定的感觉，是因为希望就是限定的力量。

正如斯宾诺莎所说，所有的限定都是否定，只有真正理解放弃的人才可能有真的希望，什么都不想放弃的人不可能拥有真的希望。

创作形成就是放弃，这是歌德深邃的形而上学智慧。这不单纯指艺术性创作，这也是人生的智慧。

关于旅行

人们因为各种理由去旅行。有的人为了商务，有的人为了视察，也有人为了休养，或者为了探视亲戚的不幸，为了祝贺朋友的结婚，等等。就像各种各样的人生一样，旅行也是多种多样的。但是，无论出于什么原因去旅行，所有的旅行都有共同的作为旅行的情感。一个晚上的旅行也好，一年的长期旅行也好，都有相似的感触。正如同各种各样的人生，无论是短的一生或者长的一生，所有的人生都有作为人生的共同情感一样。

出门旅行是摆脱日常的生活环境，是逃离平常的习惯性关系。旅行的愉悦就是这种解脱的愉悦。即使不是寻求解脱的旅行，在旅途中也都会产生或多或少的解脱的心情。有些人特意为了脱离人生而出门旅行。即使不想脱离人生的旅行，在旅途中也会或多或少产生类似脱离的心情。很多人喜欢挑选自然风景去旅行，即使挑选人类的生活也是那种原始的、自然的生活的做法，这可以认为和这种心情有关。在旅途中的这种解脱甚至脱离的感情，常常伴随着其他的感情。即人在旅途中都会或多或少抱有漂泊的感情，解脱也是漂泊，脱离也是漂泊，这里面存在旅途的感伤。

漂泊的感情是一种运动的感情，有人会说旅途产生移动，所以会有漂泊的感情，确实是某种运动的感情。但是我们对于旅途的漂泊有深刻体会的，与其说是在坐车移动时，不如说是在旅馆安顿下来的时候。漂泊的感情不单纯是运动的感情，出门旅行是脱离日常的习惯性的、安定的关系，因此在带来的不安中涌现出了漂泊之情。旅行是有些令人不安的东西。然而漂泊之情如果没有远方的感情就无法想象。一提到旅行，无论怎样的旅行，人们首先想到的就是距离。这种距离和用公里计算的距离没有关系，即使从远方坐汽车每天去上班，也不会产生这种远方的感觉。但是即使比这种距离近，只要他是去旅行，就会品尝到这种远方的滋味。旅途之心是遥远的，正是这种遥远感才使旅行成为旅行。因此我们在旅行中都或多或少地变得浪漫。浪漫的心情一定是遥远的感情。旅行的乐趣有一半是这样的想象力创造出来的东西。可以说旅行是人生的理想国。但是旅行不单是遥远的东西，也是匆忙的东西。即使是背包客的简单旅行，也是令人匆忙的。无论是坐汽车旅行，还是徒步旅行，都存在旅行的匆忙。旅行常常是遥远的，并常常是匆忙的，所以才会涌现出漂泊之感。漂泊的感情不单纯是遥远的感情，我们在遥远并且匆忙之中，感受到了漂泊的感情。既然定好是遥远的了，为什么还有必要匆忙呢？因为那不一定是遥远的东西，也许会是近处的东西。这就是旅行是过程的意义，旅行是过程，所以漂泊。出发点不是旅行，抵达点也不是旅行，旅行是不断前进的过程。不过只关心抵达目的地的问题，不品尝旅途中滋味的人，可以说不懂得旅途的真正乐趣。我们在日常生活中，主要只关心抵达点和结果，这就是行动或者实践的本性。然而旅行本质上是冥想性的，在旅途中我们常常是旁观者。从平常的实践性生活中跳出来纯粹变为冥想性，是旅行的特征。旅行对于人生的意义，也是从这里出发思考。

为何旅行是远方呢？因为它是朝向未知而去。即使在日常生活里，我们也会感觉第一次走的路要比实际距离远。假设所有的事情都是我们熟悉的，即使像日常通勤那样的移动也不能算作旅行。旅行是被未知所吸引着而去的，所以会伴随出现漂泊的感情。在旅行中不可能都是已知的事情，因为不只是抵达点或者结果的问题，不如说过程最重要。旅途中有心的人一定会碰到新的事情、没有预想到的事情。旅行是脱离习惯性生活的方式，这样我们或多或少地会用新的眼光观察事物，因此对于事物会有或多或少的新发现。即使是对于平常看惯了的东西，旅行中也常常会有耳目一新的感觉。旅行的好处与其说是第一次看完全没有见过的东西——完全新的东西在世界上可能不存在，不如说是对于平常本来自以为了解、想当然的东西，感到了惊异并重新认识。我们日常的生活是行动性的，只关心抵达点或者结果，其他的东西，途中的东西、过程，都像已知的东西一样被作为前提对待。每天习惯性通勤的人，从家里到单位的过程中，他都做了什么、见到了什么，可能都回想不起来了。然而在旅行中我们可以变为单纯的冥想者，旅行的人不是行动的人而是旁观者。通过这样变为单纯的冥想者，平常已知的东西、想当然的东西对于我们来说，会感到新的惊异或者好奇，旅行的经验性、教育性也来自这里。

人生是旅行，是人们常常说的话。无须引用松尾芭蕉的《奥之细道》里的名句，这是每个人都不止一次的真实感觉吧。我们关于人生的感情，和旅途中的感情有一脉相通的地方。这到底是为什么呢？

从哪里来，到哪里去，是人生的根本问题。我们从哪里来，又到哪里去，是我们人生的根本性奥秘。只要这一点不变，人生如旅途的感觉就会一直作为我们的人生感情。在人生中我们到底要去哪里呢？我们不知道，人生就是朝向未知的漂泊。有人说我们的目的地是死亡，不过死又是什么呢？谁也不能明确回答。要去哪里，反过来可以问从哪里来，对于过去的考虑产生于对于未来的考虑。漂泊之旅常常伴随着难以名状的乡愁。人生遥远，并且人生匆匆。人生的道路很远，也很近，因为死亡时刻存在于我们的脚下。这样人们对于人生就不断地产生梦想，我们遵照我们的想象度过人生，人或多或少都有梦想家的一面。旅行是人生的样式，在旅途中我们脱离日常性的东西，通过变为纯粹的冥想性，对于原来想当然的、已知的东西作为前提的人生，拥有了新的感情。旅行让我们体会人生。我说过对于那种遥远的感情、近处的感情、运动的感情，这些和客观的距离远近、是否移动无关。在旅途中相遇的常常是自己，即使在大自然中旅行，我们也是常常不断地和自己相遇。与其说旅行不是人生以外的东西，不如说是人生本身的样式。

前面已经说过，人们常常为了寻求解脱出门旅行。旅行确实能令人解脱，但是如果认为这样他就真的自由了，那是错误的。解脱是从某种东西那里获得自由，这样的自由不过是消极的自由。旅行中每个人都容易心血来潮、心情浮躁。如果想利用人的心血来潮的情绪，带他出去旅行是最便捷的方法。旅行中人或多或少会变得爱冒险，但是这种冒险也会是心血来潮、情绪不稳定，旅行中的漂泊感是心血来潮的基础。但是心血来潮不是真的自由，只顺从心血来潮或者心情浮躁而行动的人，在旅途中不会有真的体验。旅行使我们的好奇心变得活跃，不过好奇心和真的研究心、真的求知欲不同。好奇心是心血来潮的，不会停留在一个地方仔细看，而是不断地变换对象。不在一个地方停下来，不深入一个物中，如何能了解真的物呢？好奇心的基础里存在的也是居无定所的漂泊之情。另外，旅行会使人变得感伤，但是如果只沉浸在感伤里，不深入了解任何一个事物的话，那一定不会有任何一种独立的感情。真的自由是在物里面的自由，那不是单纯的运动，而是运动着停止，停止着运动。即所谓的动即静、静即动。人间处处是青山，这句话有让人感伤之嫌，但是能彻底做到的人才能真正地品尝旅行的滋味。真的能体会旅行滋味的人是真的自由的人。通过旅行，智者愈智，愚者愈愚。日常交往的人是怎样的人，通过一段旅程你就能看个一清二楚。人各有各的旅程，在旅行中真自由的人，在人生中也是真自由的人。人生其实就是一场旅行。

关于个性

抵达个性的神秘殿堂的道路就像忒拜（古希腊城邦）街道的门一样多。我的每一个生活的瞬间都是我信仰的活生生的告白，我每一个行为都是我的宗教的布道。在我心里面来往的各种心情，为了唤起祭祀在自己内心深处东西的直接认识，而生成、发展和消灭。因此通过有限的东西捕捉到无限的人，可以通过我的一个简单的思想感情或者行为，就能鉴别我是一个真正的信仰神的人，还是太阳神的僧侣。但是，对于不了解其意义的人来说，很多道路的存在不过是一个迷宫罢了。

我意识到自己的心里面有无数的印象在无休止地来往。我是自己脑海里产生的表象、感情、欲望的一切表象呢？还是“观念的捆扎”呢？不过我知道我的一切活动都是由我而起的。我是无数的印象出现、消失，演出各种各样的悲喜剧的舞台吗？我是所有的东西都会进入，却什么也无法出来的“狮子的洞穴”吗？但是我知道精神过程的生成与消灭、生产与衰亡的原因都是来自我自己。

如果我本身是我所有运动和变化表演的背景，不得不说这是非常奇怪和可怕的紊乱。我无法对其发出任何指示，因为我表象的性质都是在此背景下才可能有的东西，而不是背景本身。因此它已经不再是个性的东西，我只能认为这种东西什么也不是，是什么也无法产生的抽象性实体，我就这样在虚无而前伫立。我绝对没有体验过的这个恶魔似的紊乱，将我经历的有声有色的欢乐与悲伤全部舔食干净。但是，我没有办法再从这个东西回到光怪陆离、七彩交汇的美丽世界。

我也是拥有“千万种心”的人，我可以看到自己的内心不断地斗争、争吵、互相作对、互相矛盾。但我不正是无数的互爱、互助，也经常互憎、互战的聚合物吗？或者是那些印象遵循心理学法则单纯结合在一起的产物。如果我只是“观念的一束”，心理学家为了理解我而尝试进行的说明就是正当的。他们把我内心出现的精神现象按照一定的法则进行分类、概括，断定我的记忆是属于视觉型还是听觉型，我的性格属于多血质型还是胆汁型等。不过抽象性的概念和语言将所有东西的个性都剥夺后，铸成同样的黑块，就像劣质的民主不分彼特与保罗一样。我是否还作为普通的类型、法则的样本或者传达机存在呢？如果是那样，我也必须说："我不是为了法则而是为了例外而创造的那种人。"即使能测量出天空的大小，谁又能测量出灵魂的轨迹呢？我越是能对自己的个性增加一分描述或者定义，就越感到其价值在逐步减少。

有人对我说个性是无限的存在，我也相信这一点。地球的中心只有一个，没有第二个那样的东西，它不是个性。一号、二号这样被区别的客观个体或者和其他东西比较后，具有独自性的东西也不是个性。所谓个性是无限的存在。我是无限存在，意味着我心里的无数表象、感情、欲望在无限地交替存在着。但是如果那些精神过程，只是简单的偶然结合或者外部结合的话，我只能作为现象而存在。如果我没有比现象更高的意义的话，我的生命就如同永远流动的时间点上浮出的泡沫，无论有多少东西在我的生命中出现，它都避免不了瞬间消失的命运。时间毫不留情的流失，会将我脑海里生成的无限印象去除干净。所以如果我是无限的存在，我心里面就必须有时间无法生成，时间也无法消失的某种东西存在。

不过我能离开时间去思考个别化的原理吗？个性不就是指是一次性的、不可重复的东西吗？但对把单纯依照时间的顺序区分开来的节拍器相继鸣奏的声音视作个性，我依然心存疑虑。

时间只不过是个性的唯一性的外部特征，本质上个性必须通过个性自身发挥的作用加以区别。个性的独特性建立在这样一个事实：作为一个独立的存在，它“没有任何其他东西可以出入的窗口”，它实现了自给自足的内部发展。个性是自发性的，因而它可以宣称自己的唯一性。我在世界上的过程中什么时间能享受生命也不是偶然的，如同音乐的曲子中某一个音在哪一个瞬间到来不是偶然的一样，是由我个性本质意义的关系所决定的。但是，我不是通过时间的形式理解音乐，而是在音乐里体验真正的时间。如同“想理解自然的人，必须变得和自然一样沉默才能理解”所说的那样，试图理解个性的人必须超越时间长河的喧嚣声。他必须逮住善辩者，扭住他的脖子。不过我脱离时间的长河，不是在参透时间的流逝和遥远的未来，而是将自己浸入流动的时间之中。当我真正成为时间本身的时候，就是我从作为认识形式的时间中解脱，持续性地将身体交托给自由的时候。只是旁观的话你无法理解个性，我只有通过自己的工作才能理解自己是什么。

从向下流动的时间黑幕的束缚和羁绊中逃脱出来时，我可以获得无限，因为自我活动性的东西必须是无限的东西。单纯无数个成分合成的东西不是无限，无限的东西是在限定全体的情况下产生的部分，所以常常能表达出全体。并且在全身心投入工作时，我的每一个行为都是个性整体的现实性东西的表现。无限的东西只有一个目的，它是被统一规划过的东西，其发展的一个阶段必然包含往下一个阶段发展变化的契机。在离开理智的技巧沉浸于纯粹学问的思考时，脱离感情的放荡不羁投入纯粹艺术性创造时，击退欲望的企图实施纯粹的道德行为时，我都会体验到那样的无限。无法用思维方式、只能用体验方式体会的无限，常常是充满了价值即永恒的东西。不管你是否意识得到，是通过规范的意思，从一个过程引导到下一个过程的无休止的创造活动。这样的必然性本来并不是因果规律，是超越时间的个性内部的必然性。

但我必须坦白，自己体验无限，即变得真正纯粹的场合极其稀少。很多场合，我是梅菲斯特嘲笑的“冠以理性的词汇不过是用来变得比动物更加动物性”的理性使用者。我的感情很多时候都不再具有创造性，变得懒惰和蛮横，试图享受充满阿谀奉承和演艺色彩的娱乐。我的意志常常被卷入利己算盘所编织的大网中。

我明白了个性不是与生俱来的礼物，是我必须用战斗来获取的理念。但是，我也了解了这个无价之宝不是在自己以外去寻找，而是应该回归自己的本源上寻找。寻找不是执着于原来自己的基础上加上什么东西，人只有失去了自己才能获得自己。所以当伟大的宗教家说“不是我们在活，是基督在我们里面活着”的时候，不是这个人变成了基督，是他变成了真正的自己。我的个性只有通过复活才能在我的里面诞生。

哲学家对于个性是无限地做了如下的说明。个性是宇宙的活镜子，包含了一切的存在，就如同无数直线交汇的单一中心点一样。所有的个体都是关于全宇宙意志的表达，个性是用唯一方式真实化表达全世界意义的小宇宙。个性当中包含了无限的与他人的关系，并且在整体中占有无与伦比的地位。那么我是如何站立在宇宙和无限的关系上呢？在这个世界上已经享受过、正在享受或者正要享受的无数同胞中，作为受时空和因果束缚的我能认识的人非常少。即使这么少的能认识的人，和他们所有人不间断地交往，也让我变得疏远人类，不如让我更希望寻求孤独。但是人们不是躲进喧嚣巷子的微暗屋子里变为真的孤独，反而是“遥望星空的人最孤独”。在对永恒的冥想中失去自我时，我才能进入美丽的绝对孤独。

如果这样，我是在哲学家说的神的预定和谐（德国哲学家莱布尼茨形而上学原理之一——译者注）中，进入到和其他的无限的关系中了吧？我是站在神的意志决定的永恒规则关系上了吧？如果这样，我只是一种机械式的服从，我的价值不在我自己身上，而是依存于超越我的普遍存在了。我宁愿追求自由，我真的得到自由的时候是舍弃理智的技巧、感情的游戏、欲望的算盘，纯粹进行创造的时候。当我深深潜入这样的孤独和创造时，在诗人歌唱“在即丰富的寂静中，充满了温和的诚挚”时，我不是站在和宇宙的无限关系中，与所有的灵魂和美丽的和谐拥抱在一起吗？因为那时我已经超越了任何无限中都不会被赋予的时间世界，自己的中心横亘在宇宙创造的中心之上。只作为一个文化人的自由存在，我不管在社会中是否活动，都会进入和全宇宙的无限关系之中。这样我明白了：个性的唯一性不是依存于其在自然中所占位置的唯一性，本质上是基于其在整个文化中所负任务的唯一性。

欲理解个性的人必须知道无限的心，欲理解无限的心的人必须知道爱的心。爱是创造，创造是在对方身上发现自己。爱人者是否定自我，在对方身上活出自己。“只有唯一存在的话，神自己也是未解之谜，所以神为了发现自己只能进行创造。”神的创造就是爱，神通过创造发现了自己。人在爱中全身心投入纯粹性的创造时，会发现作为独立存在的自己即个性。但是想爱的人常常慨叹无法爱，想创作的人必须不断地体验创作的烦恼。他越是想进入纯粹的生活，越是必须痛感到利己的技巧、感伤的游戏、自作聪明等更多的诱惑和强迫。于是他不由得叫喊“我是罪人之首”。我们在与恶与谬误的痛苦中流血时，在为了忏悔和祈祷流泪时，能够真的了解自我。怠惰、固执和傲慢，是最远离我们自我本质的东西。

了解自己的人不久也会了解他人，我们的灵魂自己提高到一定程度后，我们会相应地慢慢发现周围的很多个性。对自己不了解的盲目的人，他看到的世界是一片灰色。在对自己的灵魂不眨眼地凝视的人面前，所有的东西都会变为光和色彩的美丽交汇。杰出的画家即使在阿姆斯特丹的犹太街道上，发现绘画的美和品格高贵的尊严后，也不会因为居民不是希腊人而忧虑。对自己的个性理解透彻者，即使在最平凡的人们中间，也会发现不同的个性。这样我们就会理解个性不是被赋予的，而是必须去获取的东西。我只通过爱理解其他的个性：舍弃不同的理智选择，通过拥抱感情和意志了解个性；不通过当时的印象、随意变化的直觉，而是通过有很强忍耐力的爱和柔韧的洞察力来把握个性。——“你要尽心、尽力、尽性爱你的神，这是最大的戒律。第二也是一样，要爱人如己。”

第二部

读书与人生

我的读书经历

一

今天的孩子在上学前就已经被给予了很多的读物，我也不知道这件事情是否幸福。我自己在小学期间，中学的一、二年级的时候，除了教科书以外，基本上没有见过别的读物，从学校回家后把书包一扔，要么是和别的小朋友玩儿，要么是帮助家里干活。和我出生地相隔一个水塘的，就是龙野町，我到村里小学读书。那时和普通的农家孩子一样，我没有任何课外读物。到了父亲那一代，家里就已经不再做生意了。即使是现在，在我出生的村子里，我家仍然被称为米店。祖父在世时做过大米的经纪人，还兼做大米的零售买卖，另外还种了一些地，和村里人过着一样的生活。不引人瞩目地生活，是家里的生活方针，我接受的家教也和附近的孩子一样。开始上中学以后，我尽量和村里的青年交往，尽量注意不引人瞩目。比起做买卖，我更喜欢帮忙做农活，也就是说，我是作为农民的孩子被培养长大的。我第一次见杂志这样的东西，是在小学六年级的时候。为了准备中学考试，一起参加补习的村里医生的孩子，拿来了博文馆的杂志《日本少年》给我看，我以前连有那样的杂志存在都不知道。尽管很多时候我被派去龙野町，但是对于书店这种地方从来没有注意过。现在回忆起当时的少年时代，浮现在脑海的是农村的自然景色和各种各样的人，书籍那样的东西根本就不存在，只有《日本少年》却很奇妙地给我留下了很深的印象。那时被广泛阅读的岩谷小波的童话类书籍，也是我进入中学以后才第一次接触到的。农村的孩子不需要那些编造的梦想，在他们的心中土地已经给他们孕育出了梦想。

那样的我能比较早地了解文艺这种东西，多亏了一名不太守常规的教师。还记得小学六年级的时候，有一个从龙野町过来的叫多田的老师，这个老师好像是杜鹃派的俳句作家。多田老师经常在教室里面给我们农民的孩子讲解俳句，不久以后，他就在作文课堂上开始热心地让学生创作俳句。有一次我做的俳句比较优秀，老师就写在黑板上给大家看，并劝我说高滨虚子（1874—1959 年，日本俳句诗人）和我的名字用的是同样的一个清的发音，也模仿虚子给我起了一个别名“怯诗”。取别名是我的第一次，也是最后一次。通过这个老师我也了解了正冈子规（1867—1902 年，日本俳句诗人）和与谢芜村（1716—1783 年，日本俳句诗人）、松尾芭蕉（1644—1694 年，日本俳句诗人）这些名字，也学习了一些俳句。在中学的时候，我也把《杜鹃》这本杂志作为模仿写作的范本，曾经看过它一段时间。

二

我真正对读书感兴趣的开端是受曾担任过教科书编撰主任的寺田喜之郎老师的影响。能够遇到这位老师是我终生的幸福。应该是在中学三年级的时候，老师从东京高等师范学校毕业以后，第一次来到我们的龙野中学担任国语老师。当时有传言说，寺田老师曾立志于文学创作，向岛崎藤村（1872—1943 年，日本的诗人、小说家）拜师学习。当时寺田老师对国语教育好像已经拥有非常新的想法。我们除了学习教科书以外，作为课外读物，每人被分发了德富芦花（1868—1927 年，日本作家）的《自然与人生》，我除了在学校读以外，回到家里也读。老师不教我们每字每句的解释，而是命令我们一遍又一遍地反复去读，我逐渐变得喜欢芦花。这本书的好几篇文章我都能背诵下来。于是我自己也去寻找《青山白云》《青芦集》等书籍，也同样热心地去读。在冬天的晚上，在昏暗的灯光下，在母亲诧异的眼神里，我彻夜阅读着《回忆录》，这是我第一次读小说。就这样，我从芦花那里受到了最初的很大启发。

我受到芦花的影响，是因为当时在接触芦花之前，我基本上没有看到像样的书籍。而且当时大概有一年时间，我基本上都是在反复地阅读芦花的书籍。在以诵读开始进行学习的一般习惯被废除掉以后，这样的阅读方法在今天已经变得非常稀少。今天的孩子们，大多拥有容易接触到的各种版本的书籍的幸福。然而因为这样，就会陷入对容易接触到的任何读物，读了以后就随意扔掉的不良习惯中，我认为这是不幸的事情。当然，只停留于教科书的阅读也是不正确的，所谓的教科书，无论是什么样的内容，都是出于功利的目的而编制出来的，只学习教科书的人会因此成为功利主义者。

如果读书里面有邂逅的存在的话，对我来讲，芦花就是我的一次邂逅。近年来有很多人从大阪神户地区来到我的故乡龙野旅游。这是一个风光明媚、山水秀丽的地方，这里的风景和武藏野等完全不同。在这个土地上长大的我，能够爱上武藏野，都是因为受芦花的影响。在读高一时，我基本上每个周末都带上宿舍的便当，漫无目的地在武藏野走动。当然，当时也是来自读了松尾芭蕉等青年的著作的一种憧憬，但是最根本的不是因为《奥之细道》，而是因为《自然与人生》。虽然没有拜访过芦花，但是他住过的粕谷附近，我曾多次到访过。利根川河边的栖息以及小见川等的名字，都是通过芦花记住的，也到那些地方去探访和旅行过。芦花首先打开了我对自然和人生的视野。如果我是一个人道主义者的话，那么早期是在芦花的影响下，不知不觉之间他把我变成了人道主义者。芦花的人道主义能够深刻影响我的原因，也是我出生在农村，这是非常自然的事情。现在能够牵动我心弦的仍然是土地，不是作为名胜古迹的那种自然，而是作为土地的自然。那甚至也不是作为风景的自然。芭蕉对于我来讲也太过风雅，比起风雅的传统，我认为农民的传统更尊贵。当然，也不能说芦花的文学就是农民的文学。我现在不再想重读他的著作，因为过去深受他的影响，是希望能够完全封存过去的记忆。

三

中学同学中有一个叫古林严的。后来他改姓藤冈，是我们学校有名的秀才，他是非常爱读书的人。四年级时他从宿舍出来，到我们村子里借宿后，我们交往很密切。受到他的影响我当时读了很多种类的书。回想起来，我立志研究哲学也是受到了藤冈的影响。五年级的时候，藤冈成为永井潜博士著作的狂热爱好者，不断地和我讨论生命的问题，一有机会就对我讲述器官论、精气论等 。他敬佩费尔沃恩（1863—1921 年，德国生理学家），为了阅读他的《一般生理学》已经开始学习德语。当时在中学能组织少见的“科学演讲”的也只有他了。受到了藤冈的影响，我开始阅读永井潜博士的《生命论》以及丘浅次郎博士的《进化论报告》等，对生命的问题产生兴趣，成为后来步入哲学研究的机缘。藤冈在第六高中毕业后进入京都大学医学科学习，毕业后研究生理学。他对生理学历史特别感兴趣，发表了一些论文，不幸的是后来因为疾病而去世，非常令人惋惜。他后来好像也读了很多哲学书。坂田德男和他是同乡，也是他的后辈，同样是六高和京都大学医学科毕业后研究生理学，但是坂田现在却成了专业的哲学家。

一般情况下，人们首先是通过阅读文学艺术书籍成为读书家，藤冈是如此，深受他影响的我也是如此。而且，藤冈起初好像打算成为文学家，在他的倡导下创办了文艺性纵览杂志，我也写了一两篇小说性质的作品。当时的同人有目前在“新京（伪满时期日本对中国长春的称呼）建国大学”从事宗教学研究的松井了稳。当时我读了从红叶、露伴，到漱石、鸥外、一叶、樗牛、独步、花袋、秋生、白鸟、荷风、润一郎、三重吉等作家的各种文学作品，不过最为感动的是岛崎藤村的《破戒》《春》《家》，以及森鸥外的《即兴诗人》《涓滴》等。后来藤村的书籍我不怎么读了，但是鸥外的书我至今仍然不时地阅读。龙野町有一个叫伏见屋的书店，我放学后回家路上常常会去找想读的书，也曾经瞒着父母借钱买书，当时的情况很艰难。有时我会前往姬路的旧书店里寻找。

外国文学里面，藤冈特别喜欢王尔德，曾翻译过他的《瑞丁监狱之歌》，我也曾借助从东京丸善书店买来的词典阅读王尔德的作品。给我较深印象的是《王尔德狱中记》。另外，也是受到藤冈的影响，我比较多地读了屠格涅夫的作品。当时我们中学对外国文学了解多的人，是原姓永富，现在是著名的外交评论家鹿岛守之助。鹿岛比我们高一个年级，可能因为他哥哥在大学读文科吧，他所了解的外国文学作家知识令我们非常吃惊。午休时间在学校运动场的角落里，藤冈和我会从鹿岛君那里听到有关戈哈特·豪普特曼（Gerhart Hauptmann，1862—1946 年，德国剧作家、诗人）、莫里斯·梅特林克（Maurice Maeterlinck，1862—1949 年，比利时剧作家、诗人）、夏尔·皮埃尔·波德莱尔（Charles Pierre Baudelaire，1821—1867 年，法国诗人）等的知识，即相当于听了一遍西洋现代文学的讲义。和鹿岛君很久没有见面了，见面谈到那时的记忆，一定有很多让人忍俊不禁的内容。

记得不太准确了，应该是叫布利克斯吧，他也是我在读的龙野中学的第一个外籍教师。现在担任关西学院经营学教授的池内信行和我同一个年级，他英语口语最好，好像经常和外教在一起。这位来自美国的老师就职演讲时的一段话，至今仍然奇妙地留在我的记忆中：他说自己来自太平洋对岸，想到同一个太平洋的海水也冲刷着日本的海岸，就深刻感受到世界是一体的。这个老师在镇上开了《圣经》班，为了学习英语我也参加了，这是我读《圣经》的开端。后来我喜欢读日文版的《圣经》。《圣经》的翻译应该超过了二叶亭四迷（1864—1909 年，日本小说家、翻译家）或者鸥外等的翻译，对日本文学史做出了巨大贡献。

诗歌与和歌方面，我和很多同时代的青年一样，也能背诵土井晚翠（1871—1952 年，日本诗人）的《天地有情》中的好几个段落，《藤村诗集》我也经常读，但是最喜欢的还是北原白秋（1885—1942 年，日本诗人）的《邪宗门》《回忆》等。白秋的诗至今我也仍然喜欢。因为三木露风（1889—1964 年，日本诗人）和我同姓，我经常被问到是否和他有亲戚关系。我们不是亲戚，但露风也出生于龙野，我中学时代就熟悉他的名字。三木这个姓氏在我们那个地方很多，据传起源于播州三木城的别所氏被丰臣秀吉消灭时，家臣逃亡中为了隐姓埋名借用了当地的三木姓氏。我中学时代喜欢读《废园》《寂寞曙光》中的露风的诗歌，不过进入特拉皮斯特修道院后，就没有再看到他的诗歌了。和歌里面我最喜欢的还是白秋的作品，吉井勇（1886—1960 年，日本诗人、剧作家）的和歌我也喜欢读。当时我相当热心地学习和歌，龙野中学校友会杂志里仍然保留有几首当时我创作的和歌。和同时代的青年一样，对和歌创作产生最深影响的，应该是若山牧水（1885—1928 年，日本和歌家）。

四

中学时代，我最擅长的是历史，其中最常读的是山路爱山（1864—1917 年，日本评论家、历史家）的史传类书籍，特别是《常山纪谈》《日本外史》等。那时汉语也是我比较擅长的，但是比起经书来，我更喜欢看史书，龙野的肋坂藩的儒学家，本间贞观老师来到我们中学任教。我在藤冈的带领下，有将近一年的时间前往这位老先生的家，学习汉诗创作。那时我在学校阅读当时在中学生里有广泛影响的大町桂月（1869—1925 年，日本诗人、随笔家）的文章，还模仿桂月写了一些文章。但是自从学习汉诗以后，我学习的是久保天随（1875—1934 年，日本汉学家）、森槐南（1863—1911 年，日本汉诗人）等的著作。还有一段时间曾经背诵《唐诗选》里的诗篇，抢先在富山房百科文库买来森槐南的《唐诗选评估注释》阅读，当时的情景真是令人怀念。

教美术同时也教法制经济的岩本老师，在思想上给我们灌输了很多内容。藤冈说岩本老师是位社会主义者，不过我看他更像是位虚无主义者。这恐怕是老师的不如意的境遇所致吧。岩本老师原本想当一名评论家或者新闻记者，而且经常跟我们谈及那些工作的重要性。我们也在教室里，经常从老师口中听到中江兆民（1847—1901 年，日本思想家、政治家）、福泽谕吉（1835—1901 年，日本启蒙思想家、教育家）、德富苏峰（1863—1957 年，日本思想家、历史学家、小说家德富芦花之弟）、三宅雪岭（1860—1945 年，日本哲学家）等人的名字。但我更热衷于文学，对思想问题并不怎么关心。在岩本老师教授的内容中，因为和德富芦花的因缘，我读了很多德富苏峰的著作，也都属于当时流行的、可以作为演说材料的内容，但这些基本上对我没有产生思想性的影响。

播州的赤穗距离龙野有五日里（1 日里 =3.9 公里）左右。我们中学每年在义士报仇的那一天，全校同学都彻夜行军赶到赤穗镇那里，然后按照惯例举办追慕义士的演讲大会。在这个演讲大会上，学生中的辩论家将会出场，演讲极为盛行。当时的日本可谓正处于一个雄辩时代。现在的《雄辩》这个杂志，当时正是名副其实，登载了我国有名的政治辩论家们演讲的速记内容。我们农村的中学，也召开了模拟的国会。这也算是社会风潮所致吧。当时我也是《雄辩》的读者，曾经登上中学后面的山坡高声练习演讲。国语老师野崎先生很擅长演说，学生们也得到了他的鼓励。为了准备在赤穗的演说，我读了很多义士传记之类的书籍，福本日南（1857—1921 年，日本政治家、史论家）的《元禄快举录》等令我深受感动，现在这本书被收录在岩波文库里面。

这样在中学的后半期，我处于比较混乱的多读书时代。1914 年，我中学毕业。我的中学时代正处于日本资本主义的上升期，出现了许多类似《成功》的杂志。这个时代受中学生欢迎的杂志，有押川春浪（1876—1914 年，日本科幻作家）的《冒险世界》。在这样的氛围中，我们对于所有的事情都是企业式的、冒险性的，我的读书也是这样。这与高中时代的我，在各种方面都形成了鲜明的对照。

五

谈论关于自己的事情是危险的，是卑鄙之事，至少是不好的爱好。我是在写书的时候，谈论一些有关自己和他人的事情。都读过什么书，在某种意义上是具有偶然性的。但是在另一方面也全部是必然性的。为了阐述这些必然性和偶然性，不可避免地要谈及人类，特别是白己。另外，避开容易产生危险的简便方法，就是尽量只记述事实。

中学毕业后，我被孤苦伶仃地扔进东京。进入第一高中学习后，没有一个高年级的中学同学，而且我毕业之前也没有一个低年级的中学同学出现。这种事情对于一个农村出生的青年，在日本这种特殊的社会里意味着什么，读者应该容易想象得到，而且我家里在东京没有任何熟人。那时是九月份入学，为了到叔父介绍的保证人家里表示感谢，东海道线因为暴风雨停运，我和父亲只好绕远乘坐中央线。列车穿过很多隧道后，我们满身油烟和汗水在饭田町车站下车时的心情，我永远也忘不了。后来在学校我也慢慢有了朋友，但是我的心灵基本上总是处于孤独的状态。农村出生的我继承了父亲的血统，特别不会和人交往。住在学校的宿舍里，没有熟人的我，不可能体会到家庭生活的氛围。最终我在东京定居后，也总是一个孤独的乡下人。

这种孤独里面大概也有很多青春的感伤成分吧。孤独青年喜欢去的地方是宗教，或者宗教的氛围。宗教氛围现在也不是宗教，不如说是甚至和宗教相反的东西。宗教氛围总是多少带些感伤性质，相反，宗教本身是为了克服感伤而产生出来的。自己认为是宗教性的东西，很多时候不过是一个感伤而已。高中时代我读得比较多的是宗教性书籍。我没有特殊的目的，阅读了各种宗教书籍。其中既有基督教的读物，也有佛教的读物。日莲宗的书籍也读，真宗和禅宗的书也读，感觉沉浸在一种宗教氛围里好像能得到一种安慰。现在思考的话，大多不过是一种青春的感伤而已。当然我并不认为肤浅都是没有价值的，至少可以说是非常具有日本特征的东西。《圣经》是每次阅读都会有新的感动。但是能读懂《旧约》的意义是很久以后的事情。《圣经》现在也是我书桌上必不可少的书籍。佛教经典里面净土真宗最适合我，基督教和净土真宗之间，有人认为有类似的地方，也可以这样考虑吧。本来我出身于信奉净土真宗的家庭，祖父母以及父母诵读的《正信偈》《御文章》等，不知不觉我也记住了。有时还被命令在佛坛前坐下诵读，在我们那个地方读经是一种基础性教育。也可能来源于孩童时代的这些影响吧，青年时代最令我动心的就是真宗，这一点至今没有改变。日本的哲学家很多都喜欢谈论禅，说起东洋哲学就会马上考虑到禅，但对于我来讲，讲贫民的法然、亲鸾等的宗教，更具有亲切感。希望能够阐明哲学的意义，不知什么时候开始隐隐成为我的一个愿望。后来因为主要是研究西洋哲学，读基督教的文献的机会较多，虽然对基督教也抱有更多的关心，但是让我能够最后平静下来的仍然是净土真宗。高中时代，初次见到且特受感动的是《叹异钞》。近角常观

（1870—1941 年，日本宗教家）的《叹异钞讲义》也是我无法忘怀的一本书。在本乡森川町的求道学舍里，也曾听过老师的《叹异钞》的讲义。近角常观老师在那个时代，对于一部分青年产生了很大的感化作用。岛地大等（1875—1927 年，日本净土真宗僧侣）编撰的《圣典》，现在仍然是我常备的书籍。

不光是我，当时的青年人大致对宗教的关心都很强，日本的思想界正进入一般的反省时代。中学早期我喜欢读的《冒险世界》那样的杂志，不知何时就消失了。不久出现了仓田百山（1891—1943 年，日本剧作家、评论家）的《出家与弟子》《爱和认识的出发》等，在青年中产生了很大的反响，我的高中生活就是在这样的氛围中度过的。在一高读书时，也出现了日莲宗、禅宗、真宗等的学生团体，我有时候也参加这样的团体。某一个夏天，和我关系最近的宫岛锐夫曾经邀请我一起到镰仓圆觉寺的一个庙庵住宿，在那里坐禅。一天出了禅坊以后，宫岛认识的崛口大学来到净智寺，我们一起去拜访了他。我再见到崛口的时候，总会想起那时的事情，但是并没有说出来，恐怕崛口已经不记得了吧。

六

我对文学的热情就这样冷静了下来，中学毕业以前我曾经想过将来从事文学事业，当时还给移居到鹿儿岛县的寺田喜之郎先生写信商量过，老师也给我回了信，进入一高的文科以后，那样的想法也慢慢变得淡薄了。我对文学也变得将信将疑起来，如同对辩论部没有兴趣一样，我对文艺部也没有兴趣。一年级的时候反而有一段时间参加了剑道部。我被芹泽慎一——光治良氏的哥哥劝导，加入了划船部，参加分组的划船训练。尽管我是不太喜好运动的人，但当时对于将信将疑的我来讲，在墨田川上划船是一种逃避的方法。一起划船的同伴，后来进入哲学研究的人有东北大学的宗教学副教授寺崎修一，很遗憾他因病去世了。还有德国法律的研究者我妻荣、三轮寿壮等，都是我在划船的时候认识的。进入京都大学以后，我也作为文科的选手，曾经到琵琶湖、濑田川等参加过划船比赛。

我读书的兴趣逐渐从文学书籍转移到了宗教书籍，这也是受到那个时代精神倾向变化的影响。托尔斯泰的《我的忏悔》在文学青年中产生了巨大的影响，我也非常感动地读了这本书。不知道从什么时候开始，我对于《艺术是什么》里面的托尔斯泰有了共鸣。他的《人生论》等也令我非常感动。就这样，在中学时代喜欢读的德富芦花的作品带给我的影响，不知不觉之间为我阅读托尔斯泰的作品做好了心理准备。我亦曾经在一段时间是托尔斯泰主义者。去年的夏天在中国的东北旅行时，在火车上时隔多年重新阅读岩波文库版的《伊万这个混蛋》《人为什么而活》等当时曾经非常喜欢的托尔斯泰作品，但这次却并没有特别的感动。我感觉到他的作品中有一种装腔作势似的东西，但是进入老年，托尔斯泰仍能保持这种腔调，也许这正是他的伟大之处。卢梭的《忏悔录》、奥古斯丁的《忏悔录》、玛克斯·奥勒留的《沉思录》等，我高兴地阅读了这样的书籍，或者类似这种书名的书籍。哲学家叔本华、尼采等的人生哲学也开始流行，我也受到了他们的影响。和辻哲郎（1889—1960年，日本哲学家、思想史家）的《尼采研究》《索伦·克尔凯郭尔》等书籍，反映了当时的社会氛围。在文学方面，我对俄国文学产生了很大的兴趣，特别是喜欢契诃夫的作品，像他的《樱桃园》，我反复阅读了多次。在华严瀑布自杀的藤村操（1886—1903年，北海道旧制一高学生，官宦子弟，因厌世而在华严瀑布跳崖自杀，轰动一时。其后的四年间选择在此地自杀的人数高达185人。——译者注），在青年人中影响很大，始终成为喧嚣一时的话题。我们一边读书一边对书产生了怀疑，甚至不止一次全部卖掉自己的藏书。

现在通过自己的亲身经历回顾一下当时的日本精神世界，首先那是一个冒险的、积极的时代，那时的学生对政治有很强烈的关心，辩论术流行（我在中学时代体验过）后，作为其反作用的一面的自我反省、怀疑的时代就出现了，并且在那种氛围中，在日本的知识分子中出现了“教养”的概念。因此，这种“教养”的概念是从文学和哲学方面产生的，并不包含着政治教养的内容。不如说是有意地把政治作为外面的东西加以排除和排斥了。教养的概念主要是夏目漱石的弟子们受到了戈贝尔博士（1948—1923年，德裔俄罗斯人，哲学家、音乐家）的影响，在他们中间逐渐形成的。阿部次郎（1883—1959年，日本哲学家、作家）的《三太郎的日记》作为先驱性代表作，在宿舍熄灯后我曾经挑灯夜读过。和这个流派有所区别，但是在各个点上有接触，并且对教养的概念进行了扩充和贡献的是白桦派的作家们。我也曾读过白桦派的作品，但是他们对我产生影响是在进入大学以后。就这样，日本的人道主义，或者说日本式的人道主义逐渐形成。而且，它从托尔斯泰式的人道主义或者是宗教式的浪漫主义逐渐转变为以“文化”概念为中心的潮流了。阿部·和辻等的杂志《思潮》出版，我也是喜爱它的读者之一，后来变为岩波的《思想》杂志。

高中最初的两年，对于我来说是自我反省的彷徨时代。二年级之后按照学校的规定，学生必须决定是选择文学或者是选择哲学。我当时是选择了哲学，但是自己的内心深处，其实还犹豫不决。等到我心里有了结论、明确决定研究哲学时已是高中三年级了，那时我读书的倾向也发生了改变。

七

回想一下我的高中时代，正好是第一次世界大战的时候。为什么用“回想一下”这个词，是因为我觉得这种场合是最合适的、正确的表达。也就是说，在最敏感的青年时期，遇见了那样大的事件，但是不回想一下的话，好像我直接从战争中受到的精神上的影响几乎没有。不光对我是这样，很多青年可能跟我一样，思考一下在日清战争的时候，对战争一无所知，继续在研究室工作的大学的师生，听起来就像是说谎一样，但也是十分可能的事情。我对第一次世界大战最直接的经历，可以说是 1922 年去欧洲的时候，我终于认识到近代的战争是完全不一样的，近代战争是一种写实主义。近代战争的性质是把所有人都卷入进去，不允许任何人有例外。在这个意义上，近代的战争是带有机械式的必然性，与此相反，以前的战争都是有机的，或者是带有浪漫性质的。当然，近代战争也需要有一些浪漫的色彩。尽管如此，近代战争的本质还是写实主义。对近代战争的这个性质进行深入思考极其重要。

虽然遇到了第一次世界大战那样大的事件，但是，当时我们对政治完全没有任何关心，或者说是没有任何关心地生活了过来。不久能够支配我们的，反而是那个所谓“教养”的思想，而且是轻视政治重视文化、反对政治甚至带有非政治的色彩倾向，是文化主义的思考方式的内容。所谓“教养”的思想，被认为是文学性的、哲学性的东西，特别注重文学和哲学，科学和技术不属于文化而属于文明，所以被轻视。换言之，大正时代的教养思想是针对明治时代启蒙思想（以福泽谕吉等为代表）的一种反作用而发生的。这就是“教养”这个词语在日本所具有的历史性内涵，只要语言无法脱离历史而存在，即使在今天我们也应该注意以上的历史事实。我是在日本的教养思想兴起的时候度过的高中生活，正因为丝毫不关心政治和现实问题，所以才具有相应的重视很多古典的长处。对日本的教养思想产生重大影响的是戈贝尔博士，拥有强有力主张的人都是戈贝尔博士的弟子。这样我在一高时代的后半期就比较多地阅读了很多古典书籍，如但丁的《神曲》、歌德的《浮士德》等，尽管感觉很难，也有很多不懂的地方，但我还是拼命地阅读了。德语课的时间，已故的三并良老师曾经讲解过《浮士德》。德语课考试的时候是要求用德语论述浮士德，我论述了书中出现的瓦格纳，三并良老师表扬我，说我写得很好。因此，我后来跟老师相处得很好。影响我最深的应该是尼采的《查拉图斯特拉如是说》。后来单行本的阿部次郎的《讲解查拉图斯特拉》在《思潮》上刊登时，也是我热心阅读的内容之一。在古典观念的影响下，我读书的范围和数量，受到当时自己比较贫弱的读书能力所影响，而有所局限。在日本文学里面，我读了很多当时已经在知识分子中间占据主导地位的夏目漱石的作品。这也是因为当时教养思想的有力的主张者，大多是夏目漱石弟子。总而言之，在高中时代，我绝对不是一个多读家或者是博读家，当时我们中间因为读书而知名的是蜡山政道君。据说蜡山把大隈重信任会长的大日本文明协会出版的西洋学术书籍都读完了。现在看到蜡山君，我的脑海中也会浮现出当时他每天去学校图书馆的身影。

那个时代，我读书当中的一个插曲是，曾经到盐谷温老师家里参加一个阅读《资治通鉴》的小团体（岩谷老师的父亲青山先生在我们学校曾教授过汉语）。这个小团体的主要人物，是年级比我低的仓石武四郎。仓石现在是京都大学教授，我从仓石那里得到他的《中国语教育的理论与实践》，于是就想起了这个读书会的事情。读书会除了仓石以外，还有松山高中的川田思无邪君，在东京的各个大学讲授印度哲学的山本快龙君，以及和我同班的寺崎修一。我们每周一次在宿舍吃过晚饭后，步行到小石川的盐谷老师的家里去，读完书后他总是招待我们吃烤红薯，大家边吃烤红薯边闲谈。那时，仓石委实读了好多的汉语书籍。仓石老实的性格中还有一种毅然决然的东西存在。近年他提倡不要按日语的读音顺序符号阅读汉语，而直接用中文语音进行阅读，并且制作了汉语教育的录音磁带。他的做法非常有意思。

说起读书会，在高中三年级的时候，我曾经牵头组织过哲学的读书会。当时是拜托速水滉老师讲读了文德尔班（Wilhelm Windelband，1848—1915年，德国哲学家、新康德主义弗莱堡学派创始人）的《序论》中的《什么是哲学》，会员大概有20名。那时因为第一次世界大战的影响，很难获得德语的书，所以就用手抄本印刷作为教材。那时我已经决定从事哲学研究。迷失自我很久，令我下定决心的是西田几多郎（1870—1945年，日本哲学家）的《善的研究》一书。关于这件事在其他场合我已经写过，在此不再赘述。宫岛锐夫带着我第一次拜访桑木严翼老师也是在那时。宫岛后来进入东京大学的哲学科学习。十分遗憾他很长时间一直生病，去年最终去世了。得到他去世的消息后，我和桑木老师见了面，谈到宫岛的话题，回忆起很多当时的事情。在高中毕业以前，他曾经给我一套莱克拉姆版的《叔本华全集》，对我来说这是非常珍贵的纪念品。当时的宫岛对叔本华十分着迷，那个时代的青年大多都跟他一样。

在日本哲学书籍出版当中具有划时代意义的，是那时出版的岩波的《哲学丛书》。虽然不太懂，但是我们还是读了好几遍纪平正美（1874—1949 年，日本哲学家）的《认识论》、宫本和吉（1883—1972 年，日本哲学家）的《哲学概论》。速水（速水滉，1876—1943 年，日本心理学家）老师的《逻辑学》是我们学校老师讲课用的教材。也就是说，我的哲学学习和岩波的《哲学丛书》是一起开始的。高中的时候我读得最多的是心理学和逻辑学书籍。进入大学后学习哲学专业的人，必须在高中就把逻辑和心理学学好，所以我才特别阅读了那本书。当然也是因为受到了速水老师的感化。一高的老师中，对我影响最深的就是速水老师。老师的《现代心理学》是我很热心阅读的书籍之一，我记得这是一本非常好的书。要想攻读哲学，必须读原著。由于战争的原因，德国的原著无法获得，所以我只好阅读英文版。而且据说哲学只有德国才是最好的，所以读英语的书籍的时候，心理学和逻辑学的书也就自然地一起阅读了。当时，一高的学生常常从本乡步行到日本桥的完善书店买书，至今还留在我手里的令人怀念的书籍，有威廉 · 詹姆斯（William James，1842—1910 年，美国哲学家、心理学家）的《心理学原理》、约翰·穆勒（John Stuart Mill，1806—1873 年，英国哲学家）的《逻辑体系》等。但是无论怎么说，那个时代在日本的思想界，德国的学问占有压倒性的优势。心理学方面，威廉·冯特（Wilhelm Wundt，1832—1920 年，德国心理学家、哲学家）的名声是最高的，我也读过速水老师翻译的冯特的心理学小册子，以及须藤新吉翻译冯特的《心理学》等。另外，在旧书店我发现了冯特的原著《心理学大纲》，也买来进行了学习。哲学方面，文德尔班以及新康德派哲学那时开始逐渐地流行起来。有一次去柏木的三并良老师家拜访，老师说研究哲学必须研究康德，研究康德必须读赫尔曼·科恩(Hermann Cohen，1842—1918 年，德国犹太哲学家，新康德主义马堡学派的创始人之一) 的《康德论》，说着就把壁炉台上的三本科恩写的康德的书给我们看。在那样的时代也有人议论说，如果因为战争没有办法获得德语书籍，日本的学问就会衰退。有人在公开场合发表了这种言论，遇到了很大的麻烦。但是在大多数的学者的心中，他们可能都是这样考虑的。不论如何，第一次世界大战对我来讲最直接的影响，就是无法再获得德语书籍，现在看来这完全是无法想象的事情。

八

大学生活期间，我一直租住在下鸭的一个地方，名叫蓼仓町。当时住处附近建筑物还很少，走出房门就能看到比叡山。九月中旬第一次到租住地去的时候，那里到处都能看到色彩鲜艳的雁来红，给我留下了极深的印象。那家人每年都会种植美丽的雁来红。我自己把那个租住地叫作“雁来红之家”。即使现在看到雁来红，我也能马上回忆起那个叫八田的租住人家。同一年进入京都哲学科的只有我和广岛高等师范出身的林礼二郎（旧姓森川），不久森川也到我住宿的地方来了，我们一直在那里住到毕业。一般我们都是一起穿过加茂的森林，到学校去上学。

大学时代读的书当中，影响我最深的毫无疑问是西田几多郎先生的著作。正好我入学那年的秋天，先生的《自觉的直观与反省》成书出版，后来先生又在《哲学研究》杂志上发表过很多论文。我在读先生的著作时，对其文章中引用的书籍也尽量去阅读。那时先生的论文里会出现各种各样的书籍，我的哲学学习也不自觉地涉及很多方面。先生介绍了各种各样的哲学，一经介绍，我就感觉每本书都很有意思，都引起我去阅读原著的欲望。就这样，我从康德到黑格尔等德国的古典哲学开始，还留意阅读了巴登学派以及马堡学派的新康德哲学，阿历克修斯·迈农（Alexius Meinong，1853—1920 年，奥地利哲学家、心理学家）的《对象论》、布伦坦诺（Franz Brentano，1838—1917 年，奥地利哲学家、心理学家）的《心理学》、洛采（Hermann Lotze，1817—1881 年，德国哲学家）的《逻辑学》等。特别想列举出奥古斯丁以及莱布尼茨（Gottfried Wilhelm Leibniz，1646—1716 年，德国哲学家、数学家）等的名字，如果被问哪一个读得最多的话，我在二年级的时候，读书报告里写过莱布尼茨，毕业论文是以《批判哲学和历史哲学》为题写了康德，因此这两个人的东西我读得比较多。这并不是我特别学到了什么东西，而是一味地追随着西田老师，读了各种各样的书籍，这就是我大学三年期间的主要学习内容。

在所读的书当中，如果说哪一本书对我影响最深的话，那应该是新康德派的哲学。但是那也不是有意而为之，而是在不知不觉中形成的。在一个哲学会的例会上，我们的前辈土田杏村讲话以后，我曾经提出质疑。具体是何种问题，今天已记忆不清，但土田与我争论不休，似无止境。于是土田就转头问来参加例会的西田先生："老师，您是怎么看的？"老师回答说："你的想法好像是现象学的东西，三木的想法好像是新康德派的东西，很难说哪一个看法更好。"听了老师的回答以后，我才意识到自己的想法是新康德派的内容，不知什么时候受到了新康德派那么深的影响，这令我很吃惊。

我这样受到新康德派的影响，可能还是高中时候读书会上阅读文德尔班的结果，这可能也跟那个时代日本哲学的一般倾向有关。前文说过，我大学入学的 1917 年，正值西田先生的划时代著作《自觉的直观与反省》出版，也是桑木严翼（1874—1946 年，日本哲学家）先生的名著《康德与现代哲学》出版的年份。作为康德哲学的入门书籍，我曾经热心地阅读过它们。前一年朝永三十郎（1871—1951 年，日本哲学家）的名著《近世中“我”的自觉史》也出版了，我在一高时读得非常感动，他的立场就是新康德派。仍然是 1917 年海因里希·约翰·李凯尔特（Heinrich John Rickert，1863—1936 年，德国哲学家、历史学家，新康德主义弗莱堡学派的代表人物）的弟子左右田喜一郎（1881—1927 年，日本经济学家）老师的名著《经济哲学的诸问题》也出版了，这也是令我难以忘记的一本书。在左右田博士的影响下，那时在日本的年轻的社会科学家特别是经济学家的中间开始流行哲学，大家言必称文德尔班、李凯尔特，是新康德派在日本的全盛时期。

我阅读了左右田先生的书，就想到哲学必须广泛地和其他科学进行交叉。从那时候开始，我开始注意经济学家的书籍。当时印象最深的是小樽高等商业学校的大西猪之介（1888—1922 年，日本经济学家）教授的《被囚禁的经济学》一书。他非常有才，但是很可惜英年早逝。后来在左右田博士的斡旋下，《大西猪之介经济学全集》得以出版，我也收藏了一部。左右田老师在我读研究生的时候曾经到京都讲课。那是我第一次见到老师，深深地被他对学问的纯粹的爱所感动。后来我到德国留学的时候，出席李凯尔特教授的研讨会，汇报了左右田博士对于李凯尔特的评价，李凯尔特教授和左右田博士都非常高兴。借此我和左右田老师产生了联系。老师去世以后，他最爱的弟子本多间三郎也和我有过密切的交往。本多虽然前途非常令人瞩目，但是很不幸，也很遗憾地在前几年去世了。不过我仍然住在老师的弟子杉村广藏的隔壁，和他有着密切的交往，这也都是起源于和左右田老师的缘分吧。

九

我受到了京都大学老师们的各种影响，但是，其中在我入学那一年波多野精一老师从东京来到我们大学教授宗教学，对于我来讲这是很幸福的事情。波多野老师因为出版《西洋哲学史概要》《斯宾诺莎研究》《基督教的起源》等各种著作而知名，那时老师的思想接近新康德派。老师是最有教授气质的大学教授，我从老师那里领悟到历史研究的重要性。他教导我说要想学习西洋哲学，必须研究作为其源头的希腊哲学和基督教。在波多野老师的影响下，我开始学习希腊语，借助词典阅读柏拉图，并开始留意基督教的文献。回顾一下以前的我，在思想上受到影响最深的就是西田先生，在研究方向上，影响最深的是波多野老师。我的学习转向以历史哲学为中心，或者是对亚里士多德等的研究产生了兴趣，撰写关于帕斯卡尔的论文等,这些都应该是受到了波多野老师的深远影响。

二年级的时候田边元老师从东北来到东京，这对于我的成长是很重要的事情。多亏了田边元老师，我更进一步加深了对于德国的观念论哲学的理解。田边元老师磨炼了我的思维方式，已故的深田康算老师也给了我别的影响。深田老师是科贝尔博士传统的最纯正继承者，我感觉总算接触到了真正有教养的人。那时老师对法国的东西特别感兴趣，老师总会提到泰纳（Hippolyte Adolphe Taine，1828—1893 年，法国批评家、历史学家）、阿纳托尔·法朗士（Anatole France，1844—1924 年，法国作家）、乔治·桑 (George Sand，1804—1876 年，法国小说家)、福楼拜（Gustave Flaubert，1821—1880 年，法国作家）、费迪南·布吕内蒂埃（Ferdinand Brunetière，1849—1906 年，法国评论家）等各种各样法国人的话题。那时我的读书范围主要是德国的哲学书籍，并没有余力扩展到法国，但是受到了深田老师的影响，我开始憧憬法国的文学、思想等，考虑在外国留学时也去巴黎看一看。

我的青年时代，正是日本文学和思想出于对自然主义的反动或者说克服自然主义之后，人道主义崭露头角的时代。我就是在这个潮流中成长起来的。这种人道主义，意义非常宽泛，它以各种形式表现出来，而且我也从它们那里或多或少皆受影响。

首先，创造出了“教养”这个概念。在这方面，高中时阿部次郎的著作给了我很多影响，到了大学以后，波多野老师、深田老师的讲义，尤其是他们的谈话和人格魅力，深深感化了我。每每去两位老师家里拜访，他们总是热情而又温和地接待我，教诲良多，这是我学生时代的美好回忆。

其次，这种人道主义以一种宗教式的形式表现出来。西田天香（1872—1968年，日本宗教家、政治家，一灯园创办人）的“一灯园”运动、仓田百三（1891—1943年，日本剧作家、评论家）的文学都属于这些范畴，我也受其影响，但是这种影响是暂时的。

最后，白桦派作家武者小路实笃（1885—1976年，日本作家）的“新村”运动。我的朋友当中，一高出身的京都哲学科的谷川辙三、日高第四郎，学习院出身的美学专业的园池公功等都和白桦派的人比较熟悉，我也受到他们的邀请听了“新村”运动的演讲会。武者小路（1878—1923年，日本作家）的文学作品我之前就喜欢阅读。那时也是有岛武郎频繁提到惠特曼的时候，时常会来到京都的同志社大学讲演。受谷川等的邀约，我也曾经到有岛的住处拜访过，那段时间我是有岛的热心读者。还有从一高来的小田秀人，他也对白桦派很痴迷。另外，还有一位从一高来的同学，他就是京都经济科的八木泽善次。那时有岛正逐渐地向人道主义的社会主义者转变，京都经济科的河上肇博士（1879—1946 年，日本经济学家）原来也对伊藤证信（1876—1963 年，日本宗教运动家）的“无我之爱”很热衷，不过那时人道主义的社会主义者还不多。总之，人道主义者开始转向社会问题，这是值得注意的现象。

这个人道主义倾向从学究们中间由“教养”观念转变为“文化”观念，“文化主义”等词语也随之出现。新康德派的价值哲学、文化哲学成为其基础，桑木老师、左右田老师是其代表性人物。和哲学家的意图不同，那时出现了大正时代象征之一的廉价文化主义，就是“文化住宅”以及“文化村”等开始流行。

在思想方面，人道主义的潮流显示了别的方向。新康德派全盛期之前，广为流行的欧肯（Rudolf Christoph Eucken， 1846—1926 年，德国哲学家）、柏格森（Henri Bergson，1859—1941 年，法国哲学家）的“生命哲学”就是其中的代表。生命哲学潮流在新康德派极其荣盛之后，仍然扎根于日本，西田老师的哲学等也应该属于这类范畴。

我自己在那时应该算是学究派，在欧肯、柏格森的时代，我也站在他们的外围。但是通过西田老师的影响，我与生命哲学有了联系。柏格森的书，我在学校的讲习会上学习过西田老师的《创造的进化》，也读过他的著作，但是欧肯的书我几乎没有读过。直到最近几年，我才开始明白柏格森的意义。欧肯后来也基本上没有读过，即使开始读，也会中途停下来。从一高来京都的朋友当中，谷川辙三（1895— 1989 年，日本哲学家）、林达夫（1896—1984 年，日本思想家）、小田秀人等，他们很多是文学派。当然林略有不同，他把森田老师或者波多野老师等的教养作为理想，谷川和小田思想上也属于生的哲学，我在某种程度上也受其影响。大学三年级的时候，我曾有将近一年的时间非常热心创作诗歌。生命哲学方面，我读得最多的是格奥尔格·齐美尔（Georg Simmel，1858—1918 年，德国社会学家、哲学家），因为他的哲学广泛涉及文化哲学、历史哲学等。

十

1920年，我大学毕业后在研究生院就职，研究的题目是历史哲学。我原本就喜欢历史，那时正好在日本的历史学上出现了比较积极的趋势，我的研究也受到这个刺激。这个趋势在我看来表现在两个方向：一是所谓的从政治史向文化史的转变。德国的史学界比较多的“政治史还是文化史”的争论也被转移到了日本，作为历史研究的新方向和方法，相对于政治史的文化史被提了出来。其中，和辻哲郎的活动，在我们青年中间非常引人瞩目。卡尔·兰普雷希特(Karl Lamprecht，1856—1916年，德国历史学家)的《近代历史学》也由和辻老师翻译出版。记得我毕业前一年的深秋时节，我遭遇汽车事故在松山医院住院的时候，来看望我的田边元老师把新出版的《近代历史学》译本带来送给我。我现在仍然记得和辻老师的《古寺巡礼》（1919年），《日本古代文化》（1920年）因为给人以非常新鲜的印象，而受到读者的广泛欢迎，我也很感兴趣。但是，我非常后悔当时没有注意到，作为专家的京都大学内田银藏（1872—1919 年，日本历史学家）老师在日本经济史以及其他方面，做出很多了不起的研究。二是向世界史方向的转变，这个对我的影响更多。特别是坂口昴（1872—1928 年，日本西洋史学家）老师的《世界希腊文明的潮流》（1917 年），对我来说也是很难忘记的一本书。坂口老师的《世界史概观潮流》出版时，我在《哲学研究》上写了介绍文章。作为研究生院的学生，我曾经听过坂口老师文艺复兴时期的意大利历史讲义。我还跟着波多野精一（1877—1950 年，日本哲学史家）老师学习了世界史的观察方法等。当时京都大学文科除了内田老师、坂口老师外，还有内藤湖南（1866—1934 年，日本东洋史学家）、原胜郎（1871—1924 年，日本历史学家）、三浦周行（1871—1931 年，日本历史学家）等各位老师，可以说是史学科的全盛时期。由于自己的学科专业缘故，我并没有跟着坂口老师以外的老师们直接学习，这是件十分可惜的事情。最近我开始有机会阅读各位老师的著作，每次阅读时都会加深我的这种感觉。

当时的日本哲学界也开始逐渐关心历史哲学的问

题，这主要是受到文德尔班、李凯尔特等新康德派的影响，因此当时作为历史哲学被提出的问题，主要是有关历史性认识的方法论、认识论的形式性逻辑问题，并不是黑格尔思考的作为世界史哲学的内容性历史哲学。狄尔泰的研究的意义还没有被普通人所认识，我在新康德派的引导下进入了历史哲学的研究，阅读了文德尔班的《序论》、李凯尔特的《自然科学的概念构成界限》和《文化科学和自然科学》等，也学习了西美尔的《历史哲学问题》，还有恩斯特·特勒尔奇（Ernst Troeltsch，1865—1923 年，德国宗教哲学家）的《历史主义及诸问题》所收录的论文杂志等。特别是特勒尔奇的著作让我深有体会。那时梅里斯的《历史哲学教科书》颇受好评，当时很想读，每次到学校的研究室去借，总是已经被别人借走。直到很久以后我才从国外购买到这本书，但是读了以后却发现很无聊，非常失望。评价好的书不一定是好书，这就是一个例证。一本书热门，原因众多，并不完全取决于书籍内容的品质。我虽然想阅读威廉·狄尔泰（Wilhelm Dilthey，1833—1911 年，德国哲学家、历史学家）的

《精神科学导论》，但是书已绝版，很难找到。后来在德国留学的时候，第一次在柏林逛书店时看到了这本书的再版书，非常欣喜地买了后，在旅馆里一直读到深夜，现在仍然能回想起来当时的情景。历史学家的书籍，那时还看过兰普雷希特、布尔克哈特（Jacob Christoph Burckhardt, 1818—1897年，瑞士历史学家）、利奥波德·冯·兰克（Leopold von Ranke, 1795—1886年，德国著名历史学家）等人的著作。

日本的新康德主义和日本社会的现实相适应，具有特殊性质的内容。纯粹的新康德派，能够说得上的大概只有经济学家、哲学家，也是银行家的左右田喜一郎先生。另外还有桑木严翼（1874—1946年，日本哲学家）、朝永三十郎（1871—1951年，日本哲学家）两位先生也可以算纯康德主义者。一般来讲倾向非常明显的是，在通过新康德派还原康德派的同时，它与康德派以后的德国浪漫主义哲学结合了起来。换言之，新康德派的认识论立场并没有停止，而是转向形而上学，这个倾向非常根深蒂固。这从日本社会来看，应该是与资本主义和自由主义并没有纯粹地成长起来相适应的吧。总而言之，我自己在历史哲学的研究上，从新康德派出发后深入研究了约翰·戈特利布·费希特（Johann Gottlieb Fichte，1762—1814 年，德国哲学家）、弗里德里希·威廉姆·约瑟夫·谢林（Friedrich Wilhelm Joseph Schelling，1775—1854 年）、黑格尔等德国浪漫主义哲学，其中谢林的哲学令我感到特别亲切。弗里德里希·丹尼尔·恩斯特·施莱尔马赫（Friedrich Daniel Ernst Schleiermacher，1768—1834 年，德国哲学家）的《宗教性演讲》《自言自语录》等著作也令我非常感动，也许其中还有我追求自己青春的浪漫心理吧。

但是我在学院安度平稳生活的同时，外面的社会却开始了急剧的变化。以第一次世界大战为契机，日本的资本主义得到了显著的发展，但当我毕业时，日本迎来了史所未见的大萧条。随着这样的变化，思想界也产生了各种各样新的现象。1918 年末东京大学产生了新人会团体，创刊于 1919 年的《改造》杂志就像这个杂志名一样，是当时社会的象征。同一年，长谷川如是闲、大山郁夫等主办的《我等》创刊，吉野作造博士的活动通过《中央公论》的传播，获得全社会的关注。我每个月都看这些杂志，深感一场巨变正在迫近。京都却还是比较安静，因为《贫穷物语》而闻名的河上肇博士逐渐引起了学生们的注意。

对于这样的变化，我并非漠不关心，但也无意参与其中。对于“一灯园”、“新村”运动等我也没有太多的兴趣。可以说，我度过了几年暴风雨来临前的寂静生活。当时我属于古典派或者教养派，不间断地阅读了希腊的悲剧等书籍。打开克劳德（George Grote，1794—1871 年，英国哲学家）的《希腊史》、阅读布尔克哈特的《意大利文艺复兴的文化》，但丁以及达·芬奇等都令我神往。在这一点上，我和林达夫最合得来。京都时代在文学书籍方面，我最热心阅读的是诗歌，由于有岛武郎（1878—1923 年，日本作家）等的影响，沃尔特·惠特曼（Walt Whitman，1819—1892 年，美国诗人）的诗歌非常流行，他的《草叶集》令我难以忘怀。保尔·魏尔伦（Paul Verlaine，1844—1896 年，法国诗人）、波德莱尔、埃米勒·维尔哈伦（Emile Verhaeren，1855—1916 年，比利时诗人）、歌德、海涅等都是我喜欢的，其中我最喜欢的是弗朗西斯·雅姆（Francis Jammes，1868—1938 年，法国诗人）。也是受到了白桦派的影响吧，日本的诗人当中我喜欢的是千家元磨。早前到中国东北旅行的时候，我随身携带了改造文库的《千家原磨诗集》，至今仍然忘记不了在车中阅读《车之音》的情景。宗教类书籍也读了一部分，当时最受感动的是弗兰齐斯科的《小花》。《弗兰克斯传》（作者约根森）的译者是久保正夫（久保天随的弟弟），从东京来到京都的研究生院，加入到我们的队伍，但遗憾的是久保现在驾鹤西去了。

大学毕业时，我的租住处从下鸭迁移到了北白川。常驻京都的《改造》的特派员浜本浩经常来我租住的北白川家里，好像曾说过让我为杂志写稿子。当时我虽然很贫穷，但是也没有心情去写稿子，浜本浩也没有强迫我去写。我当时还没有写稿子挣钱的想法。不光是我，那时候的学生大概都和我一样，与今天社会上青年学生的想法迥然不同。来北白川租住处拜访的人中我不能忘记的还有三土兴三（宗造的儿子），三土是非常优秀的人才，为人也非常与众不同，我对他将来的发展感到了一种敬畏。非常可惜的是，三土后来只在大村书店的《讲座》杂志上写过一篇《克尔凯郭尔论》后就自杀了。

上面已经说过，在东京新时代的变化日新月异时，京都仍然处在某种怡然自得的状态中。非常精通贝多芬的久保来了以后，朋友中谈论音乐的话题开始多了起来，日高第四郎等人也非常崇拜贝多芬。在这样的影响下，我阅读了罗曼·罗兰的《贝多芬》，对罗曼·罗兰也变得熟悉后，也读了他的《米开朗基罗》《托尔斯泰》，进而也读了他的《约翰·克利斯朵夫》。说起贝多芬，我就想起了当年在海德堡第一次租住处的一位家庭妇女。为了让我学习德语，她给我介绍了一个博士——不记得他的名字了，这位博士也是一名研究贝多芬的专家。为了练习我的德语，他竟然使用了贝多芬的文章。不过也是多亏了他的影响，我仍然收藏着记录贝多芬的书信、文章以及同时代人信息的阿尔贝特·莱曼编著的两卷《贝多芬》。经过久保的推荐，我当时也很有兴趣地阅读了艾克托尔·路易·柏辽兹（Hector Louis Berlioz，1803—1869 年，法国作曲家）的书信等。久保在我们中是一个见多识广的人，我阅读法国书籍也是受到了深田康算老师和久保的影响。那时读的书，特别能想起来的还有保罗·葛赛尔(Paul Gsell，1870—？，法国作家）记录的罗丹的话语。后来丛文阁出版高村光太郎编译的《罗丹的话语》、《罗丹的话语续集》时，我马上就买了，这也是因为对当初的回忆。福楼拜的书信，是因为深田老师总是很有意思地谈及，所以我也试着读了读，确实非常有意思。深田老师似乎还喜欢阿纳托尔·法朗士，每次我去拜访时他都会提起，那时我阅读的只有《伊壁鸠鲁的花园》。后来在巴黎住的时候，曾经有一段时间一直读阿纳托尔·法朗士的书籍，可能是因为深田老师的话，不知不觉留在我的记忆当中了吧。我的租住地正好位于阿纳托尔·法朗士家的附近，我在巴黎期间他去世了，我和安倍能成一起去参加了葬礼，其间也许有某种因缘吧。所以现在想起已故的深田老师时，我总会联想起阿纳托尔·法朗士。

我的人生中不久就迎来了新的变化，从学校毕业后的两年间，先后在大谷大学以及龙谷大学担任哲学讲师，然后我就出国了。

十一

在国外生活的三年，是我一生当中读书最多的时期，三年间我也没怎么去旅行，基本上都是在与书作伴。留学对于我来讲就是学生生活、租住生活的一种延长罢了。幸运的是我在德国可以随心所欲地买书了，当然“幸运”这个词在此有些奇妙的意义。由于历史上那次著名的通货膨胀，我们出人意料地体验到了一段千万富翁的生活。前儿天我看瓦尔特·拉特瑙（Walther Rathenau，1867—1922 年，德国作家）的《现代的批判》那本书的时候，想起第一次进入德国，那天我们由马赛出发，经由瑞士在日内瓦旅游参观后，进入德国。当天，我们在火车中由报上得知拉特瑙被暗杀的消息。所谓我们，就是在船中刚刚认识的四五个伙伴，有布鲁诺·淘特（Bruno Julius Florian Taut，1880—1938 年，德国建筑家）的弟子、年轻的建筑家上野伊三郎（上野的名字，在岩波书店出版的《日本美的再发现》中淘特的文章里会出现，可能有的读者会记得）。现在打开手头的赫尔德尔的百科辞典，上面记述着：一九二二年六月二十四日拉特瑙在柏林被作为犹太人以及履行凡尔赛条约主义政治家，被国民社会主义的行动派暗杀。拉特瑙被暗杀以后，马克急速贬值，几天后一个英镑已经可以兑换一千余马克，不久变为一万马克、百万马克、千万马克，最后竟然变成了一兆马克。我们作为从日本过来的穷学生，拿五个英镑去银行兑换时，所得到的马克纸币已经无法再放进口袋里了，必须携带背包去才行。海德堡大学前面有一个叫怀斯的书店。听完讲义以后，我常常和羽仁五郎一起去书店淘书。对于我们这些外国人来讲，当时好像进入了天堂，但是对于德国人来讲，那是一个地狱的时代。当时到德国来留学的日本学生很多，和我关系最密切的就是羽仁，我还认识了很多其他的日本人，有大内兵卫、北昤吉、系井靖之（后来在海德堡去世）、石原谦、久留间鲛造、小尾范治、铃木宗总、阿部次郎、成濑无极、天野贞祐、九鬼周造、藤田敬三、黑正严、大峡秀荣等。

我去海德堡，是因为我读的海德堡派的书籍比较多，另外还想跟着李凯尔特教授学习。李凯尔特教授是海德堡派哲学的代表，他的授课在黑格尔、科诺菲谢尔、文德尔班等曾经授过课的一个昏暗教室里进行。李凯尔特演讲的内容收录在《德国海德堡的传统》（1931 年）一书里。李凯尔特教授离开自己的家就会感到不安，这就是一种神经性的疾病。学生们称之为“Platzangst”，所以到大学来的时候，他总是和夫人、像书童一样侍候左右的奥古斯特·福斯特一起坐马车。李凯尔特教授的著作我全部读过，所以在他的授课里并没有获得新的东西，但是能够一睹老教授的风貌，就像接触到哲学的传统一样，我感到十分快乐。李凯尔特教授的研讨会在自己家里举行，我在研讨会上汇报了左右田喜一郎老师对李凯尔特的批判，李凯尔特教授还记得左右田老师，对此他十分高兴。可惜当时我找人用打字机打印的报告丢失了，非常遗憾。马克斯·韦伯（Max Weber,1864—1920 年，德国哲学家）夫人也会出席李凯尔特教授的研讨会。那时的研讨会使用的脚本，是正好刚出版的韦伯的《科学论论集》。

在海德堡的一年多的时间里，我学习最多的是马克斯·韦伯和艾米尔·拉斯克（Emil Lask, 1875—1915年）。艾米尔·拉斯克的哲学我是跟随拉斯克的弟子、其著作编撰者之一的沃根·赫立格尔学的。赫立格尔曾到日本的东北大学任教，回德国的时候，留下一本《日本的弓术》算是送给日本的礼物。我在海德堡的时候，赫立格尔刚成为讲师，登上了讲坛。据说他曾经参加了此前的那场战争（这场战争期间拉斯克去世了），战争的阴影镌刻在他的脸庞上。我在赫立格尔的研讨会上汇报布尔查诺（Bernard Bolzano, 1781—1848年，捷克哲学家、数学家），这个报告不久经过修改后在《思想》上发表。那时布尔查诺的书已经绝版，无法买到，我是从李凯尔特教授家里的拉斯库藏书里借出一本学习，至今记忆犹新。赫立格尔那时是海德堡研究哲学的日本留学生的中心人物，以他为中心，借大峡君、北君的租住处召开的读书会，我是经常参加的。就这样，赫立格尔讲读的著作中有弗里德里希·荷尔德林（Johann Christian Friedrich Hölderlin, 1770—1843年，德国诗人）的《许涪里翁》。在那次大战以后，荷尔德林的思想在德国的青年中间流行开来。但是我对于创造他们那种精神氛围的荷尔德林以及尼采、克尔凯郭尔、陀思妥耶夫斯基产生共鸣并沉湎其间的，是我到马尔堡大学、师从海德格尔教授以后了。海德格尔的哲学就是那种“战争不安”的表现。后来，海德格尔基于荷尔德林的观点论述了文学（《荷尔德林与诗的本质》，1936 年）。

在海德堡的时候，我从日本出来时间不长，还没有脱离自京都以来的逻辑主义，对于康德、歌德等之外的德国理解得不够深刻。在海德堡，和李凯尔特教授并驾齐驱的还有雅斯贝尔斯教授，他讲授尼采和克尔凯郭尔，我曾经去听过两三次。李凯尔特批判雅斯贝尔斯等人的《生的哲学》（第二版 1922 年）我读过，但并没有产生什么共鸣。而雅斯贝尔斯的《世界观心理学》（第二版 1922 年）我读过，也不明其趣味何在。理解雅斯贝尔斯哲学的趣味，是在到了马尔堡以后的事情了。总而言之，我在海德堡时代是京都时代的延长，收集的书也大多都是逻辑学或者方法论方面的。

在海德堡的教授里面，我听过讲义的除了李凯尔特以外，还有恩斯特·霍夫曼（Ernst Hoffmann，1880—1952年，德国哲学家）教授。哲学以外，还听过几次贡尔道夫（Friedrich Gundolf，1880—1931年，德国历史学家）的讲义，霍夫曼教授是狄尔斯的弟子，作为柏拉图的研究者而知名。我曾经翻译过霍夫曼教授的论文，登载在《思想》杂志上。当时德国的知识分子因为通货膨胀而生活窘迫，我觉得如能得到一些稿费收入总是好的，于是就求得教授的同意，翻译了他的论文。那时，年轻的博士们非常喜欢做日本人的个人教授，赫立格尔也不例外。不过给我讲解过书籍的，还有后来到日本大阪高中教书的辛琴格尔，他是从卡西雷尔来到海德堡的，记得是在霍夫曼教授的介绍下给我讲读柏拉图的。还有因为出版《黑格尔全集》而著名的赫尔曼·格洛克内尔，他那时住在李凯尔特教授租住的家里。我和羽仁一起，请他讲读了黑格尔的《精神现象学》。另外，我还和羽仁一起听过卡尔·曼海姆的讲义。曼海姆后来到了日本，在东京大学的经济学部协助雷德雷尔教授工作。这个人后来因出版了《意识形态和乌托邦皮》而在知识社会学方面名声大振，我从他那里第一次听说了马库斯·谢雷尔的知识社会学，但当时还没能理解它的重要性。我对曼海姆等人的研究感兴趣，是在我已经回到日本以后的事了。当我听说在德国发生的驱逐犹太人事件时，首先想起来的就是曼海姆。此外给我做过讲读的老师还有当时凭借论文《现象学和宗教》取得讲师地位的维库勒尔，他是沃伯尔明的弟子。

就这样，我们能够把那些年轻的教授当作家庭教师一起学习，完全是拜通货膨胀所赐，德国人的不幸成为我们留学生的幸福。今天在日本每当我听到通货膨胀危险的言论，头脑里总会清晰浮现出当时德国知识分子的表情。

十二

我的书房里，至今仍悬挂着描绘马尔铺堡街道的铜版画，这是我向一个大学生要过来的，他业余时间画的画是准备出售的，由此可见当时德国的学生都处于怎样的经济状态。我在海德堡待了一年多后转去马尔堡。当时关东大地震被新闻报道的时候，我还在海德堡。我记得那天我去拜访阿部次郎，我们谈论了很多关于关东大地震的事情。与在海德堡相识的各位一一辞行之后，我心想在马尔堡这样小的城镇，可能会一个人孤独地生活吧。但是到了以后，发现有很多从日本来的留学生。当时德国大部分的大学城里都有很多日本留学生。我在马尔堡认识的有大谷大学的铃木弘、立正大学的守屋贯教、九州大学的四宫兼之，还有目前在文部省的长屋喜一、山下德治等。

那时去马尔堡的留学生在哲学方面主要为了跟随尼古拉·哈特曼（Nicolai Hartmann，1882—1950 年，德国哲学家）以及海德格尔学习，宗教学方面则是跟随奥托学习。守屋和铃木主要是为《圣洁之物》的作者奥托教授而来，四宫和长屋则主要是奔着海尔特曼教授而去的，我的目标则是海德格尔教授。我去马尔堡的那一学期，恰好赶上海德格尔教授从弗莱堡转职过来，这正是我才从海德堡转学过来的原因。从事教育学研究的山下跟着纳托尔普（Paul Gerhard Natorp, 1854—1924 年，德国社会教育学家）教授和埃里克·

杨施（Erich Rudolf Jaensch，1883—1940 年，德国生理心理学家）教授学习。纳托尔普的著作我在京都的时候就读过几部，心怀敬意，受山下之邀也去听过教授两三次课。我记得他那时的讲义内容与其后作为《实践哲学讲义》出版的图书内容完全一致。后来在山下的斡旋下，纳托尔普教授的藏书被成城高中所收藏。我精心收藏的笛卡尔肖像，原本属于纳托尔普教授，是因为某种关系才到了我手里。

我在马尔堡安顿下来以后，马上拜访了海德格尔教授。关于当时的情景，我曾在短文《海德格尔教授的回忆》里面有记载。在这次拜访中，教授劝我研究亚里士多德，并介绍给我一个博士，名字叫伽达玛尔。就这样，我每次都需要去伽达玛尔家，请他讲读亚里士多德。亚里士多德的内容是从《形而上学》和《尼各马可伦理学》里面抽取的内容。在海德格尔教授的研讨会上，也使用了亚里士多德的《自然学》作为教材。另外，在研讨会上使用的其他书籍，还有埃德蒙德·古斯塔·阿尔布雷希特·胡塞尔（Edmund Gustav Albrecht Husserl，1859—1938 年，奥地利哲学家）的《逻辑学研究》。在胡塞尔的著作里面，与《纯粹现象学及现象学的哲学思考》相比，海德格尔教授更注重这本书。这可能是基于海德格尔教授的哲学研究方式吧，他总是试图从探究根源的角度去阐释一种思想。由于海德格尔教授的介绍，我又到勒维特家里听他讲读胡塞尔的《逻辑学研究》。勒维特后来成为马尔堡大学的讲师，因为是犹太人，他感受到了危险，曾来到日本的东北大学任教过一段时间。后来他预感到日本和美国之间的紧张关系，便通过洛克菲勒财团的资助，于今年春天去了美国。在此之前，他也是通过洛克菲勒基金的资助，曾经去过意大利。和勒维特住在一个家里的，有一名叫马斯尔的青年，不知道他是从哪里学会的围棋，不止一次让我陪他下棋。他是一个很好的青年，现在听说也在纽约。鉴于目下的国际形势，他们两人的命运总是引起我的思考。

海德格尔教授在授课或者演讲的时候，总是怀抱哲学古典书来讲解教材的内容，其中有笛卡尔、康德，也有奥勒留·奥古斯提努斯（Aurelius Augustinus，354—430 年，古希腊哲学家）、托马斯·阿奎那

（Thomas Aquinas，1225—1274 年，意大利哲学家）等。我听的课中，笛卡尔的《第一哲学沉思集》被教授特别拿出来讲解，我也因此能够仔细地阅读了这本书。奥古斯提努斯的有趣，是从西田老师那里听说的，海德格尔教授的讲义进一步激起了我的兴趣，我就借助拉丁语词典，把他的哲学性论文也都读了。我的房东知道这件事情以后，与我一起阅读了奥古斯提努斯的《告白录》。我的房东是一名牧师，名叫提恩梅，出版过两三本著作，有时还远赴罗马尼亚等地去讲学。不知道为何，我和宗教有缘，在海德堡的时候是在石原谦后，借住在勒恩梅老教授家里。为了进一步学习奥古斯提努斯，我托当时移居到巴黎的小尾范治寄来了《三位一体论》等书。仔细想来，我在马尔堡期间虽非有意，但却是我一生中接触基督教书籍最多的时期。提恩梅家和海勒尔一家关系密切，自然会提到海勒尔教授很多话题，我在京都时就已经从波多野老师那里学过海勒尔教授的一些书籍，教授的《天主教徒》和《祈祷》等都读过。海德格尔教授的授课时间，总有一个夹在学生中间听课的跛脚绅士。有一个学生告诉我说，那就是鲁道夫·布尔特曼（Rudolf Karl Bultmann，1884—1976年，德国神学家）。布尔特曼教授的思想和辩证法的神学有关系，和海德格尔哲学有相通的地方。他拖着跛脚进入教室，热心地听同事讲课的面容，至今仍浮现在我的脑海里。后来教授出版了《耶稣》，我很感动地阅读了。事实上它虽然是一本小册子，但内容非常精彩。我听了海德格尔教授和勒维特等人的话，对辩证法神学产生了兴趣，也开始阅读《罗马书》《神的语言与神学》等。当然我也读了奥托教授的《圣洁之物》，那时教授开始考虑《东、西方神秘主义》的表现问题，可能是对佛教也产生了一定的兴趣。他喜欢日本的留学生，经常邀请同学在他家里举办茶会。有时候我也受奥托教授之邀，到莱茵河对面的丘陵上一起散步。

在哲学方面，除了海德格尔教授以外，尼古拉·哈特曼教授的讲义我也听过。哈特曼教授也对亚里士多德感兴趣。有一次我问他这个问题的时候，他情不自禁地给我讲了很多。我参加的研讨会，使用的书是康德的《纯粹理性批判》和黑格尔的《逻辑学》。哈特曼教授的《认识的形而上学》，对于从主观主义哲学入门、通过拉斯库研究逐渐倾向客观主义的我来说，感到非常新鲜有趣。但受到海德格尔教授的强烈影响后，我对哈特曼教授的立场就不太感兴趣了。在马尔堡我基本上完全接受了海德格尔的影响，但后来哈特曼的《逻辑学》出版，我阅读过后，对哈特曼教授的思想再次产生了兴趣。

在马尔堡期间以及以后，时不时地和我通信、指导我读书的是勒维特。不但在哲学方面，他还把我引入宽广的德意志精神史中。狄尔泰、施莱格尔（Friedrich von Schlegel，1772—1829 年，德国思想家）、冯波尔特（Freiherr von Humboldt，1767—1835 年，德国语言学家）等，这些人的著作我都有涉猎，打开我视野的也是勒维特。在勒维特的引导下，我被带入当时德国青年陷入的不安的哲学以及不安的文学中，我也非常爱读尼采和克尔凯郭尔，特别是喜欢读陀思妥耶夫斯基的小说。那时德国在精神上完全是一个不安的时期。荷尔德林刚刚流行，甘地又马上接踵而至，学生们左右派分明，连我们这些外部的人也能够分辨出来。海德格尔教授的哲学也好像是反映了那种不安。你可以认为教授的哲学是在尼采、克尔凯郭尔、荷尔德林等流行的氛围中产生，这也能解释他为什么受到那么多的青年学生欢迎了。勒维特那时开始学习丹麦语，使用原版著作研究克尔凯郭尔。他推荐我读雅斯贝尔斯等人的著作。勒维特和海德格尔教授关系密切，曾经多次给我看过构成海德格尔教授哲学材料的原始素材。有这样的一位好老师，真是三生有幸。

十三

马尔堡是德国乡下一个小规模大学城的典型。从山脚到山顶，小城依山而建，山脚下有莱茵河流过，河的对面是连绵不断的丘陵，森林郁郁葱葱。我常常到河对岸的丘陵和森林中去散步。小城里没有可看的地方，只有一个剧场，时常会放一些电影，但是我一次也没有去过。小城非常安静闲适，在这儿生活的一年也是我这一生中最为安静闲适的一个时期。即便到了要跟这个小城告别的时候，我也依然难以割舍。该怎么办呢？正当我犹豫不决之际，心中浮现出的是深田老师他们种植在我心中的对法国文化的憧憬。恰好马尔堡有一个教法语口语的女老师，我在这里又滞留了一个月左右向她学法语，以准备去巴黎。我的法语基本上都是自学的。在高中时代，听说在晓星有早上七点到八点的法语讲座，我就从本乡的宿舍前去学习。但是因为我学校上课也是八点开始，时间很难错开，所以就没有坚持下来。靠着自学，阅读几本没什么问题，但是对日常会话我却是毫无信心。

我决定从马尔堡去巴黎，那时我手头只有安德烈·纪德的几本小说，它们是在那一年春天我去维也纳旅行的时候偶然买的。当时维也纳还有上野伊三郎在，居留期间我照例会在各家书店之间流连，首先令我侧目的是有的书店摆放着法语书。这在德国是难得一见的。维也纳其实很受法国文化的影响。见到久违的法语书，我心里非常喜悦，映入眼帘的是书架上摆放的很多纪德的书。德语书里面有不少陀思妥耶夫斯基的德语译著，这引起了我的注意。回想起来，当时奥地利也流行所谓的不安文学。说来令人惭愧，当时我还不知道安德烈·纪德是何人，看到书店里摆放着那么多他的书，猜想他一定是重要的流行作家，所以就买了几本放进包里。在离开维也纳的火车上，我第一次打开他的书《背德者》，感觉好像接触到了一个崭新的世界。回到马尔堡以后，我对勒维特讲了这些，学识广博的勒维特博士给我讲了很多有关纪德的事。据他说，那时德国最优秀的法国研究家是恩斯特·R. 库尔提乌斯（Ernest Robert Curtius，1886—1956 年，德国文献学家、法语文学批评家），他的新著《巴尔扎克》是不可不读的，于是我就买来读了一下，果然不错。后来还有机会看到库尔提乌斯的《新欧洲的法国精神》，我觉得这也是一本很不错的书。

提前拜托巴黎的小林市太郎安排好我的住宿之后，我经过科隆到达巴黎时已是初秋季节。小林和我以前就认识，我们都是京大哲学科出身。现在他在大阪美术馆，专门研究中国美术。起初我并不打算在巴黎待太长时间，毕竟已经在德国度过了两年半，所以想着再有三四个月时间就该准备回国了，但是最终还是待了一年时间。大城市是令人孤独的地方，如果想寻求孤独的话，那就到大城市的正中央去。巴黎的街道总是能看到很多的日本人，但和我关系密切的只有小林一个人。不过我们因为住宿的地方相隔很远，也无法经常见面。其他在巴黎认识的，还有芹泽光治良。巴黎是人们到访欧洲时总要去一次的地方，因此在这里偶然遇见的人也很多，现在还记得的有斋藤茂吉、坂垣鹰穗等人。我的住处就在凯旋门附近，一时也成了安倍能成、速水滉老师的下榻之处。当时正好是京城大学创办法语系，获得任命的法语系教授们纷纷来欧洲游学的时候。我记得，在我的租处居住期间，安倍正在改译欧肯的《大思想家的人生观》，原因据说是原本计划在赴欧的轮船上完成翻译，但未能如愿。

由于起初并没有长期停留的打算，所以这次我没有在大学入籍，而是一边在巴黎游山玩水，一边跟小学的女教师学习法语日常会话。对听力慢慢有了一些自信后，带着权当参观的想法，我去听了索帮的公开讲座，也听了布伦士维格（Leon Brunschvicg，1869—1944年，法国哲学家）教授的几次讲座。如饥似渴地阅读伊波利特·阿道尔夫·丹纳（Hippolyte Adolphe Taine，1828—1893年，法国哲学家）的作品，也是这个时候。我记得还让教我法语的老师大吃一惊："呵，在读丹纳的书呀！"为什么会读丹纳，是因为我在京都时主要学习的是历史哲学。在海德堡时，有时候和羽仁会面，也经常会谈论丹纳，另外，我还很有兴趣地阅读了很多阿纳托尔·法朗士的小说，这已经在前面叙述过。无论是纪德还是阿纳托尔·法朗士，在法国作家当中，都不能说是外国人喜欢的作家。但是有一些作家，在自己本国没有在外国更受读者的欢迎。在巴黎住宿的时候，我爱读的作家当中还有芮南（Joseph Ernest Renan，1823—1892年，法国宗教史家）。其间我无意中得到了帕斯卡尔的著作，我只记着以前阅读过德语版的《思想录》。不过这次这本书却深深吸引着我，令我不能释手。当我在跟随《思想录》思考时，我感到以前海德格尔教授教给我的学问也复活了。想到应该研究法国的道德家，我首先搜集了帕斯卡尔全集、蒙田的《随笔集》、拉布吕耶尔（La Bruyere,1645—1696 年，法国作家）的《品格论》等等，这些作品我读后很受刺激。但我最关心的还是帕斯卡尔，我感到应该写写有关帕斯卡尔的文章。在马家堡时读的克尔凯郭尔、尼采、陀思妥耶夫斯基、奥古斯提努斯等的书也在脑海里变得鲜活起来。我搜集斯特罗夫斯基（Fortunat Strowski，1866—1952 年，法国文学家）的《帕斯卡尔》等文献，开始阅读起来。《思想录》成为我的枕边书。夜深人静时，我一个人读着这本书感到了一种难以名状的孤独和寂寞，不止一次地流下了眼泪。因为手头没有写作用的稿纸，就用那种横线纸写了论文《帕斯卡尔的人性分析》。我心里有点儿不安，不知道这种文章是否能作为哲学论文得到认可，但我还是寄给了《思想》杂志。然后我又继续写帕斯卡尔论，写出来的就是《帕斯卡尔的人性研究》，1916 年作为我的处女作出版。其中的最后一章是回日本后在京都写的，其他的部分都是在巴黎的时候写的。我的处女作出版没有成功，根据当时岩波书店销售部的坂口荣君的说法，那时岩波批发给小书店后能收到那么多的退货还是第一次。我觉得被退货也很正常，因为我当时还是一个无名书生，而且说起帕斯卡尔，除了专家以外，对一般的读者来讲只是中学的数学课时听说过的帕斯卡尔定理。帕斯卡尔与《人性研究》对当时的读者来讲，是没有一点亲近感的内容，他们二者之间的关系也难以理解。帕斯卡尔就是那样不可思议的存在，当然现在已今非昔比。除了《思想录》以外，帕斯卡尔的其他著作都被翻译成日语，得到广大读者的喜爱。我的帕斯卡尔研究也慢慢被读者接受，不断再版。不论结果好坏，对于作家来讲，处女作的出版总是最令人怀念的。

我从帕斯卡尔、蒙田等入门，对法国哲学逐渐加深了兴趣。如果往前追溯的话，应该是西田老师的著作以及讲义，让我们了解了在日本还不太知名的哲学家，感受到了对未知世界的一种憧憬。我总是憧憬着未知的世界，从马尔堡到巴黎，离开长久习惯思考的德国哲学的土壤，也是因为对于未知世界的一种憧憬。最近几年，西田老师经常建议别人研究法国的哲学。我在写作帕斯卡尔的途中，就想着接下来写笛卡尔。这个写作计划我几乎是逢人便说，仿佛要把我的笛卡尔研究计划贴在书店的招贴栏里广而告之，不过直到现在也没能得以实现，实在是羞愧至极。这次在《文学界》连载笛卡尔的备忘录，虽然不知道能够持续多久，但也算是对上次夸下海口的一个补偿吧。回到日本后，我发现能够实现在巴黎时描绘梦想的环境已经完全不存在了。但是，我在马尔堡体验到的所谓不安哲学和不安文学，几年后也在日本流行开来。时隔数年后才开始流行，这也是必然的，因为这个流行到来之前，法国和德国都会看到另外一个征兆，就是必须首先看到马克思主义的流行，这就是先后的顺序。如此看来，一种思潮的流行也存在着某种必然性的法则。

如何读书

一

最重要的是养成读书的习惯。与其他事情一样，这里也需要养成习惯。读书并不单纯出于义务，也不但是为了兴趣。习惯可以成就许多的事情。和其他事情一样，读书的习惯也必须尽早养成。学生时代没有养成读书习惯的人，恐怕终生都理解不了读书的乐趣了。

为了养成读书的习惯，你必须努力找出闲暇时间。所谓闲暇，只要你愿意去找，就会发现它其实无处不在。早上出门前的半小时，晚上睡觉前的一小时，只要愿意则无时不可读书。现代社会生活确实变得忙碌，能终日不被打扰而读书的古人令人羡慕。但是无论怎样忙碌，人们都会为自己的爱好挤出时间来。因此，没有时间读书不过是不读书的借口而已。况且和步入社会的人相比，学生应该拥有更多的闲暇时间。读书不像其他娱乐需要伙伴，一个人就可以享受读书的乐趣。不，能与古今中外各时代的杰出人物接触，那才是读书时的巨大快乐才对。如果能为读书而找出时间，并因此而整理一下徒劳忙碌的生活，人生也会因此而变得丰富多彩。读书能让人平静，仅此一点，对于失去平静的现代生活而言，读书的意义也是非凡的。

欲找出闲暇时间读书的人必须智慧，同时也不能忘记必须有规律地读书。每天要毫无例外地抽出一定时间，哪怕是三十分钟也可以。如此持续二十年，从不放弃则必定学有所成。有了读书的习惯，就自然会创造出读书的时间。说没有时间读书的人，大抵是没有养成读书的习惯。拥有读书习惯的人，在读书过程中会发现特殊的快乐，这种快乐使他欲罢不能。

和其他事情一样，读书也需要勇气。首先要拿起书本来读。我们并不总是处于读书的最佳状态。总想等到时机、环境最好的时候再读书，那你终将一事无成。一旦开始读书，不安的心便会平静下来，烦恼也被忘记，霉运也不放在心上，所有的一切都转化成便于读书的美好状态。很多时候是勉强拿起书来读，不久你就会发现越来越有意思，接下来是你不读到最后不忍释手。

因此，首先是要读书，然后自然会产生适合读书的心情。一旦读书的习惯得以养成，这种习惯便会抚慰你的各种情感。所谓“稳重的大学生”，大抵都拥有读书的习惯。

二

为了找出适合自己的读书方法，必须多读书。多读不等于滥读，不过滥读明显是多读书的一种，并且多读一般是从滥读开始的。自古以来，有关读书方法的论述基本上都警告不要滥读书。不要滥读很多书，而是要反复地读一本书。这无疑是真理，不过这就类似老人回顾自己过去所犯的错误，教导后来者不要再犯同样的错误一样。这样的教导里面一定蕴藏着作者的善良意愿和正确智慧。但是对老人教诲只会一味遵从的青年，是缺乏进步性和创造性的青年。自古以来，人类不断重复同样的训导，但也在不断重犯同样的错误。例如关于恋爱的危险，自古以来训示者多矣，但是青年们总愿以身犯险，委身于恋爱的危险之中，甚至生死相许者不绝于迹。害怕出错，则一事无成。人生就是冒险。人们应该感到羞耻的，不是犯下何种错误，而是无法从错误中吸取教训。对于人生而言，错误也可能成为飞跃发展的契机。因此，神灵或者大自然便故意设以这样一个局：尽管有老人基于自身的经验留下不少有益的教诲，但青年人仍需不断地亲身体验，重新开始。

当然并不能因此说先行者的教导对于后来者就没有任何意义。这里隐藏着人生的不可思议和奇异妙趣。读书和滥读也是同样的关系。戒掉滥读非常重要，但是亲历了滥读之后就会找到适合自己气质的读书方法。假使你受命要精读一本书，可是不读其他的书，又怎能明白自己究竟想要的是本什么书呢？又或者让你去读古典书籍，可是古往今来古典书籍浩如烟海，从何读起呢？如果不知道新知识，又如何从古典中读出新意呢？读书一般从滥读开始，但是总停滞在滥读的水平也不是件好事。真正的读书家基本上都是从滥读开始的，但是不能从滥读晋升到精读，就无法成为真正的读书家。

前文说了，不要停留在滥读的水平，这并不意味着禁止多读。读书家都是多读家。俗语说：智者害怕只读一本书的人。人必须多读书，读书的必要性，就在于避免成为只读一本书的人，换言之就是不要成为一个单面人。不论是对于自身所处的时代还是对于过去的时代，不论是对于自己的国家还是对于全世界，又或者是对于所有的生活和思想，我们要获得正确的见解，就必须多读书。也就是说，在读书时我们挑选那些能提高通识性教养的书，这很重要。所谓读书家就是为了通识性教养而读书的人。只读自己专业相关书籍的人不能叫作读书家。教养不是指拥有某种专业知识，总是指通识性教养。为了成为专家当然有必要读书，为了获得通识性教养更需要读书。专家也只有获得通识性教养之后，才能正确认识到自己的专业在学术世界占有怎样的地位，对于社会和人生拥有怎样的意义。希望专家多读书，是为了令其具备作为普通人的教养，避免陷入专家的片面性的弊端。除此之外，从自己专业之外的书籍中，专家也经常能获得各种有益的启示。因此，即使应该避开滥读意义上的多读书，但是博闻强识意义上的多读书还是必要的。

区别滥读和多读的一个重要标准，就在于那人是否拥有专业。没有任何方向和目的的读书就是滥读。即使一般的读书，人们也更加需要一定的专业知识。通识性的教养也是依靠专业才得以成长，没有专业的通识性教养只能是兴趣至上主义。通识性教养和专业并不相斥，二者是相辅相成的。人并不总是为了某种目的而读书，没有一定的目的就不读书属于功利主义，这种功利主义对于读书是有害的。不带任何目的，只为了读书而读书也是很重要的，人们借此可以获得教养。为了获得教养，遵照一定的计划而读书当然是好事情，但是一般来说这样的计划很难得以实施。大多数时候，年轻时顺手阅读书籍的结果，会变成通识性的教养，这是无目的读书的结果。不过，无目的读书要想变成自己的真正教养，还需要其他的专业性阅读。

三

如何读书和该读怎样的书，这两个问题是相互关联的。人不能用同样的方法阅读所有的书籍。为了广泛阅读，必须根据书籍的种类改变阅读的方法，这就是读书的技术。

关于该读什么样的书，无须赘言，必须读好书，不能读坏书。读坏书本身不仅没有任何益处，在读坏书的过程中，还存在失去分辨善恶的危险。人们只要读好书，就可以养成分辨善恶的眼光，而不是相反。好书不一定是容易读的书，不能回避大部头、很厚或者很难的书，必须努力阅读在某些领域最好的书。读书付出努力很重要，而且这种努力必有回报。那些浅薄的书纯粹为了讨好读者，不会让人获得任何真的知识和教养。一本好书，读一遍还不能理解，这也无妨，能接触好书就有意义。第一遍理解不了，那就隔段时间再读，重要的是要养成努力读书的好习惯。有人认为晦涩难懂的书、大部头的书就是好书，这是个大误解。通常那些喜欢卖弄学问的人容易制造这种误解。所谓的好书，从本质上来说都是最容易理解的，很多好书都是读起来毫无障碍，通俗易懂的。而且在读书上，为了克服碰到的困难，系统性地阅读很重要。读书也要循序渐进，否则益处不大。所以读书既要循序渐进，也要听听前辈的意见，如此才大有裨益。

一般谈论到什么是好书时，所谓的古典书籍当然就是好书。古典书籍经过了历史的检验而流传下来的，其价值已经得到公认。古典书籍绝对不会陈旧，而且总是常读常新，充满活力。通过阅读古典书籍，你可以养成对书籍好坏的鉴别能力。真的读书家，没有不爱古典书籍的，真的有教养的人，也都拥有关于古典书籍的教养。正是因为有这种经过时间检验、有价值的图书的存在，读书家们才建议阅读即使算不上古典但也经过了一定时间检验的好书，而不是追逐新书，这确实是一个有益的忠告。不过，一味追逐新书固然不好，但是，读书中的尚古主义也要划定界限。为了触摸时代的脉搏，或者为了解当今社会的症结何在，阅读新书也自有意义。如果不具有新的感觉、不能面对新问题的话，古典不会流传到现在。所有对过去历史的活用、传统的复苏都是从现在开始的，不回顾古典是不正确的，害怕新书也不是正确的。与古典能够放心阅读相比，阅读新书是一种冒险，但是读书不冒险的话，就不会有任何收获。偏爱古典、厌恶新书的人，容易变为单纯的兴趣取向，陷入一种趣味至上的风险。但是，只涉猎新书而不看古典的人，也容易陷入其他种类的趣味至上主义的危险。读书也有年龄，老人喜欢古典书籍，青年喜欢寻求新东西。青年人喜欢看书，说明他的求知欲旺盛，是不应该被排斥的，但是这也有被单纯猎奇所俘虏的危险。不能因为古典而轻视新书，或者因为新书而忘记古典，这很重要。

就像读古典书籍很重要一样，人应该总是留意阅读原典书籍。阅读讲解书籍和参考书固然也有必要，但是本质上应该主要阅读原典。原典总是最值得信赖的书籍，例如关于柏拉图和康德，即使阅读上千的文献，如果不阅读原典并且反复阅读的话，就无法读通读透。阅读原典比阅读第三者写的解读更容易理解原典的本质。与其读很多参考书，不如反复阅读一部原典，更有可能快速地掌握其本质，并且原典常常具有比解读书更短更薄的长处。读原著是使读书变得单纯化的必要方法，这也意味着读书的经济化和简单化。前文提到的循序渐进的阅读法，对于阅读原典有更大的意义。书不是让别人代替自己阅读的，必须自己去读，阅读原典更是如此。然而，世间竟有不少人连世界名著的原作都不去读，而只是读别人写的解读或者评论。人必须经常从源泉中吸取营养，源泉内容常新且丰富多彩。阅读原典，是最能促进自身思考、获得价值的。

正如读原典是必要的一样，尽量阅读原著是件好事情。无论是怎样的翻译，都没有原著优秀，这一点是确定无疑的。原著所具有的微妙的味道、纤细的感觉是翻译无法传达的。另外，必须明白翻译已经是一种解释了。人们不能回避用外语阅读原著的困难，即使读翻译过来的书比读原著更快，但是重要的是慢慢阅读能够给自己充分的思考余地。读原著必须拥有外语能力，这个语言能力绝对不单单是一种手段，语言能力本身反而是一个重要的教养。一个国家的语言，是这个民族精神的表现，是这个民族思想的累积。当然，不是所有的书籍都能够用外语进行阅读，也不是所有的场合都需要用外语阅读。不能借口说无法使用外语，而不去阅读。有很多书籍是可以阅读翻译作品的，但是重要的书籍必须尽量用外语阅读原著。不能因为翻译后的书籍阅读简单，就避免使用外语阅读原著，这种读书方法是一种权宜主义，权宜主义在读书上也是有害的。

必须读好书是不言自明的，但是什么是好书？能够辨别书的好坏不是一件容易的事情。能称得上古典书籍的，一定是好书。但是这种古典的数量很多，所以也有必要进行选择。特别是新书，选择变得越来越困难。人不可能把所有的书籍都看完，不得不依靠别人的阅读指南或者是新书介绍，阅读那些已经有固定评价的书籍。但是，只依靠评价或者他人的意见进行读书也是危险的。读书必须自主地、有发现地去读，这很重要。每个人必须寻找适合自己的读书方法，努力发现适合自己的书籍。不要阅读那种单纯迎合自己的书籍，要阅读那种对自己有用、能够提高自己的书籍。每个人的个性都不同，适合他的书不一定会适合你。因此读书也必须尊重个性，根据自己的个性，区分适合自己的和不适合自己的书籍。人们必须努力从古典书籍当中找到适合自己的东西，这样会形成自己的思想，随之也能确定自己喜欢的图书类型。我甚至可以断言，一个人确定不了自己爱读的书，那他的思想是靠不住的。一旦确定适合自己的好书，那么读书自然会变得系统化，即在同一个系统的书籍里面，按照追溯过去或者回到现代的顺序去阅读就可以了。当然不是说可以不阅读其他系统的书籍，为了不变得狭隘，反而有必要经常广泛阅读。不过，没有系统的广泛阅读只能是滥读而已。

四

读好书与正确阅读同等重要。不正确阅读也就无法明白好书的价值。而正确阅读首先是要自己去阅读。玛克斯·奥勒留在谈到他的老师时曾这样写道：“鲁思梯库斯曾教导我，要缜密地去阅读，不要满足于知识的皮毛，而且也不要马上同意肤浅的批评家。正确的阅读就是根据自己的见解去阅读。”

正确的阅读还必须自己拥有那本书，借来的书或图书馆的书，你是学不到什么东西的。除了特别昂贵的大部头的全集或者词典之类以外，图书馆仅供查阅资料或专业文献之用，通识性的图书或者具有专业基础性的图书还是应该自己拥有。但是无须随见随买，买书也是有讲究的，要根据自己的个性进行挑选。我们从某个人的藏书品类，大致可以判断他的品性。光是藏书多并无效益，重要的是要收藏对自己有用的书。光是搜罗好书还不够，并不是所有的好书都适合自己。正如必须找到适合自己的读书方法一样，每个人必须拥有符合自己个性的藏书。旧书店的老板即便是对于自己决不会读的书，也具有一种敏锐的直觉，判断出图书的价值。看到一本书时，读书家必须有类似的直觉，不然的话他在读书中就不会真正地发现价值。这种直觉，是在亲近书籍的过程中获得的。

为了正确阅读，还必须慢读，绝不可性急。不论是为了获益还是为了批判，或是为了享受，慢读都是很重要的。然而，慢读的习惯对于今天的人来说越来越稀少。生活变得繁忙，书籍出版很多，报纸、杂志、电影、收音机等的影响越来越深，因此要养成慢读的习惯变得愈加困难。自己抄写下来阅读，从前的人们由此养成了慢读的良好习惯，其实即使在今天也有必要养成这样的习惯，特别是在学生时代。当然并不是所有的书都必须慢读，有的书可以快读，有的书仅读序言即可，还有的书甚至你只需知道其存在就够了。我并不是说那些没有必要，而是所有的书不必用同样的方式去阅读。但是各种各样的书籍快读或者是挑着读的话，你就无法获得主要的知识或者教养。自己想要掌握的书，就必须缓慢地、非常缓慢地从开始读到结尾，中途不能改变主意。通读之后，你才能理解书中的真正含义。和其他的工作一样，专注于通读一本书是提高读书效率的方法。

慢读，其真正的意义是反复地阅读。必须读的书，应该反复阅读。反复阅读被称作老年人的乐趣。老年人不喜欢读新书，而喜欢反复阅读从前的书。但是反复阅读对于青年来讲，我认为同样是一种乐趣，也必定是有益的。反复阅读首先是为了理解，通过左右比较、前后关联从而达到透彻的理解。因此，为了更好地理解就必须做到精读。精读自古以来都被视为读书的法则。同时为了更好地理解，还必须把握整体，所有的部分都和整体建立联系，从整体进行理解才能把握真正的含义，而要达到这个目的就必须反复阅读。人总是从最初一边预测全局一边进行阅读，但是全局是在阅读完成以后才变为现实的，因此反过来再阅读一遍就成为必要。当然，并不是说我们必须总是反复地进行阅读。读了也不明白的地方可以暂时搁置，过一段时间自己的知识和思想有了进步时，再拿出来读就可以了。重读以前读过的书是一种快乐，因为当时的记忆会随之复苏，也会读出新意或发觉意外的误解。反复阅读的快乐是和这本书成为朋友的快乐。慢读很重要，这可以首先从慢读古典书籍开始。刚拿到的新书，可以先快速阅读，大致掌握其内容后再进行慢读。慢读本质上就是反复多次地阅读。

为了品味作品的细节，也需要反复阅读。古典书籍里面，有的细节看似多余，但是完全没有多余内容的书并不是好书。有些看似多余的细节，其实你会从中发现意想不到的真理。我们必须考虑到和今天的作家不同，从前的作家们是极其缓慢地、自然地撰写书稿的。为了品味他们的作品，我们也必须缓慢地阅读，对细节进行反复咀嚼。有些细节对作者来说并不重要，而对读者来说却意义非凡。

探索性阅读，这也非常重要。要想探索性阅读，就必须自己带着问题去读书，而且读书时还必须靠动脑筋，展开思考。读书就是读者和作者之间的对话，读者要在这种对话中找到读书的真乐趣。自己不去思考，而是让作者来代替自己思考，这种读书方式是不对的。当然，如果仅凭一己之力就能做到无师自通，那就不用读书了。读书就是为了思考，而且读书必须和思考结合在一起。古人云，尽信书则不如无书。这里指的是要批判性地阅读，也就是要自己一边思考一边阅读。这种阅读不能仅仅停留在批判阶段，还必须是探索性阅读。正如前文所述，要做到探索性阅读，就必须掌握适合自己的读书方法，并且这种读书方法本身也是你在探索性的阅读中发现的。